U0342689

本书内容源自国家自然科学基金资助项目（51174044）：

"基于三维激光扫描的地下金属矿采场顶板块体识别技术研究"

矿用三维激光数字测量
原理及其工程应用

赵兴东　徐　帅　编著

北　京

冶 金 工 业 出 版 社

2016

内 容 提 要

本书是在查阅大量国内外研究文献的基础上，结合作者近些年在不同地下岩体工程采集的大量点云数据进行预处理、曲面重构及其工程应用（三维地质建模、空区探测、采场验收、爆破效果分析、损失贫化统计、岩体结构面识别以及岩体稳定性分析等）最新研究成果编著而成，内容翔实、丰富，对包含地下金属矿床开采在内的诸多地下岩体工程等三维地质模型建立、开挖工程量统计、岩体结构面识别、岩体稳定性分析等具有重要的技术指导作用，同时也为地下金属矿床开采数字化信息采集提供基础硬件支持。

本书可作为三维激光数字测量软件、硬件开发人员的重要参考资料，也可作为采矿工程、地铁工程、铁路工程、隧道工程、水利工程、测绘工程等应用领域的工程技术人员、科研院所科技人员和高等院校采矿工程专业师生的教材和参考书。

图书在版编目（CIP）数据

矿用三维激光数字测量原理及其工程应用/赵兴东，徐帅编著 . —北京：冶金工业出版社，2016.1
ISBN 978-7-5024-7181-1

Ⅰ. ①矿…　Ⅱ. ①赵…　②徐…　Ⅲ. ①矿山测量—数字式测量仪器—研究　Ⅳ. ①TD17

中国版本图书馆 CIP 数据核字（2016）第 021984 号

出 版 人　谭学余
地　　址　北京市东城区嵩祝院北巷 39 号　邮编　100009　电话　（010）64027926
网　　址　www.cnmip.com.cn　电子信箱　yjcbs@cnmip.com.cn
责任编辑　刘小峰　李鑫雨　美术编辑　彭子赫　版式设计　孙跃红
责任校对　王永欣　责任印制　李玉山
ISBN 978-7-5024-7181-1
冶金工业出版社出版发行；各地新华书店经销；固安华明印业有限公司印刷
2016 年 1 月第 1 版，2016 年 1 月第 1 次印刷
169mm×239mm；12.75 印张；246 千字；193 页
45.00 元
冶金工业出版社　投稿电话　（010）64027932　投稿信箱　tougao@cnmip.com.cn
冶金工业出版社营销中心　电话　（010）64044283　传真　（010）64027893
冶金书店　地址　北京市东四西大街 46 号（100010）　电话　（010）65289081（兼传真）
冶金工业出版社天猫旗舰店　yjgycbs.tmall.com
（本书如有印装质量问题，本社营销中心负责退换）

前　言

随着数字矿山建设及测绘技术的发展，如何有效快速地获取矿山数字化信息，并以此为基础建立矿山真实三维空间模型及其工程应用，是众多矿山工程技术人员急需解决的问题。随着激光测距技术的发展，目前许多国家针对不同工程应用领域已经研发了多种不同功能的三维激光扫描仪（3D Laser Scanning），国内外矿山主要将其用于采空区扫描及辅助采矿设计。编著者认为这仅仅是应用激光测量的单一测距、建模功能，而在所采集的海量点云数据库中，蕴含着丰富的岩体数字测量信息宝藏，尚未得到有效开发；随着激光测距精度的不断提高、数据采集方式的不断开发、步进电机及自控技术的不断进步，三维激光数字测量技术势必成为未来矿山工程及岩体工程非常重要的设计基础及工程灾害防控的"利器"。因此，本书将"三维激光扫描技术"定义为"三维激光数字测量技术（3D Laser Digital Surveying Technique，LDST）"。

三维激光数字测量技术，是20世纪60年代中期在激光测距基础上发展起来的一项新兴测绘技术，是继GPS空间定位测量系统之后的又一项测绘技术新突破。三维激光数字测量技术具有快速性、非接触性、主动性，实时获取空间点云数据具有高密度、高精度等特点。应用三维激光数字测量技术，能够全方位、高分辨率地获取被量测对象表面每一个点云的三维空间坐标数据，并以此为基础，通过对点云数据预处理、点云数据三维空间曲面重构，为构建出被测对象的真实三维空间模型提供了一种全新的技术手段。在此基础上，通过对真实三维空间模型的数据挖掘与开发，全新地解决矿山真实三维模型建立、采场验收、采空区探测、采矿方法设计、损失贫化估算、爆破效果评估、变形监测、岩体结构面识别、岩体稳定性分析等诸多采矿技术难题，能够满足不同专业矿山工程技术人员的生产需求，已经逐渐成为采矿工程技术人员、广大科研人员重要的研究工具，并逐渐取代一些传统的采矿测绘手段，为采矿工程设计与科学研究提供了更准确的数据基础。

本书系统地介绍了三维激光数字测量技术的发展现状和发展趋势、三维激光数字测量原理及工作方式、点云数据结构特征、预处理、三维可视化、曲面重构及其工程应用。本书权作抛砖引玉，期待未来三维激光数字测量技术的进一步应用和发展。

在成书过程中，参阅了大量的国内外有关三维激光测量仪器研发、点云数据处理、三维空间建模及其应用开发等方面的文献资料，在此表示由衷的感谢。同时，感谢硕士研究生赵子乔、万宏华、赵一凡等做的大量研发工作，为本书的成稿奠定基础。基金委为本书提供大量的帮助和支持，在此表示感谢。

由于作者对三维激光数字测量技术及其工程应用知识面所限，书中不足之处，恳请广大读者批评指正。

赵兴东　徐　帅

2015 年 11 月于沈阳东北大学

目　　录

1 绪 论

随着现代科学技术的发展，数字化、信息化、智能化技术在矿山生产技术管理中越来越发挥重要的作用。目前，我国数字化矿山建设数据采集，主要是利用传统测绘技术（如：经纬仪、水准仪、全站仪、陀螺仪等）量测矿山数据信息，导致其主要采用离散、不连续的导线坐标数据进行建模，进而难以得到真实、完整、全面、连续并且相互关联的三维空间坐标数据，所建立的矿山三维模型不能够全面反映出真实矿山工程的"实景"，无法满足矿山安全生产技术需求。因此，如何运用现代数字化、信息化技术对矿山的采准工程、开采设计、采场验收、损失贫化计算、空区探测、岩体稳定性分析、变形监测等进行精确空间量测，是广大采矿工程技术人员急需解决的问题。

三维激光数字测量技术（三维激光扫描技术、激光雷达）能够全方位、精确地获取空间数据信息的技术，又称"实景复制技术"，是一种新型全自动高精度空间数据测量技术，通过高速三维激光数字测量的方法，以点云的形式大面积、高分辨率地快速量测被测对象表面的三维坐标、颜色、反射率等信息。与传统测量方法相比，三维激光数字测量技术采集数据不需要合作目标，能快速、准确地获取被测目标体的空间三维数据，具有高采样率、高精度、非接触性等特点。可以对复杂环境空间进行量测，并直接将各种复杂空间的三维空间数据完整的采集到计算机中，进行数据存储，进而重构出被测目标的三维空间模型，以及点、线、面、体等各种制图数据。三维激光数字测量仪是集激光测距、机电自动化、大数据快速采集分析处理的非接触测量技术，其特点是非接触性、量测速度快、自动化程度高、分辨率高、精度高、主动性、空间信息多样性、数据用途广泛性。

1.1 三维激光数字测量技术发展现状

随着三维激光数字测量技术在基础测绘、数字城市、工程测量、文物保护、变形监测、矿业工程、航空航天、汽车工程、3D打印、地震监测等领域开始得到广泛的应用，该技术已经引起了广大科研人员的关注，三维激光扫描仪已经成为测绘仪器发展的重要方向。拓展三维激光扫描仪的应用范围，采用三维激光扫描仪提高现有测量手段的能力和精度成为测量领域的重要研究内容。利用三维激光数字测量技术获取的空间点云数据，可快速建立结构复杂、不规则的场景的三维可视化数字模型，还可以迅速得到任意的距离、面积、体积的测量结果，省时又省力。

到 20 世纪 90 年代，激光测量技术获得了极大的发展，在很多领域取得了成功，激光测距技术是三维激光数字测量仪主要技术之一，激光测距的原理主要有基于脉冲测距法、干涉测距法、激光三角法、脉冲—相位测距法四种类型。目前，测绘领域所使用的三维激光数字测量仪主要是基于脉冲测距法，如 Leica 公司生产的 ScanStation C10 的三维激光数字测量仪，奥地利 Riegl 公司生产的 VZ-4000，加拿大 Optech 公司生产的 ILRIS-3D，澳大利亚的 I-Site8820 等三维激光数字测量仪；近距离三维激光数字测量仪主要采用干涉测距和激光三角法测距，如 Leica 公司的 HDS6200 三维激光数字测量仪采用相位式测距技术。法国 Mensi 公司的 S10 和 S25 型三维激光数字测量仪都使用激光三角法测距系统。

通常扫描仪的量程越长测距精度越低。在所有脉冲式激光扫描仪中，Riegl 的 VZ-4000 发射频率最高，扫描速度最快，高精度全景扫描 2min 即可完成；Optech 的脉冲频率最低。相位式扫描仪的扫描精度普遍较高（平均可达 ±2mm@25m），其中美国的 Surphaser 是所有扫描仪中激光发射频率最高的，可达 120 万点/s，其次是 Faro 的 97.6 万点/s。无论哪种扫描方式的仪器，其扫描速度会随所设定的激光发射频率而变化，太阳光和室外光线对扫描点数和精度影响不大。

第一个现代意义的激光扫描系统为 20 世纪 90 年代美国俄亥俄州立大学制图中心（CPM）开发的 GPSVan，它是一个可以自动和快速采集直接数字影像的陆地测量系统；美国 CYRAX 公司的 3D 测量技术着重于中远距离（50~200m）目标的测量应用；荷兰测量部门自 1988 年进行了地面固定激光扫描测量技术提取地形信息的研究；日本东京大学 1999 年进行了地面固定激光扫描系统的集成与试验。与此同时，一些测量设备公司已经推出了商用的三维激光扫描仪，如 Leica 公司的 ScanStation2 三维激光扫描仪；法如（FARO）公司推出的三维激光扫描系统 Laser ScanArm；加拿大 Optech 公司推出的三维激光扫描仪；美国天宝公司等的三维激光扫描仪已经可以直接输出目标点的大地坐标；加拿大卡尔加里大学和 GEOFIT 公司为高速公路测量而设计开发了 VISAT 系统；澳大利亚 GP 公司开发的边坡稳定雷达开创了全新的地面监测方式，并在神华准格尔能源公司的黑岱沟露天煤矿边坡稳定雷达系统（SSR）。目前，国外产品价格昂贵、技术壁垒严重，依然很难在国内矿山行业普及应用。

在国内，北京矿冶研究总院已研制出 BLSS-PE 矿用三维激光扫描测量系统，并已经在国内多家矿山应用。北京北科天绘公司研制出了 TM 系列的三维激光扫描仪；东北大学研制了三维激光数字测量仪（Instrument for 3D Laser Digital Surveying，ITLDS），主要包括 ITLDS-150 和 ITLDS-500 两种类型。与三维激光数字测量仪相配套的软件系统——岩体三维激光数字测量系统（Rockmass 3D Laser

Digital Surveying System，LDS）（软著登记号：2014SR214972），是一款专业的三维激光数字测量仪控制、岩体数字测量分析处理软件，界面设计简洁美观，普通用户可在短时间内迅速掌握软件的操作使用方法。软件具有强大的三维建模功能可直观展示采场、露天边坡和井巷工程结构，数据可存储，并且对硬件环境要求较低，对软件环境具有良好的兼容性。

目前与三维激光数字测量相配套的软件有：美国 Imageware 公司的 Sufacerl0.0、英国 DelCAM 公司的 CopyCAD、英国 MDTV 公司的 STRIM and Surface Reconstruction、英国 Renishaw 公司的 TRACE，还有德国 Leica 公司的 Cyclone，美国 Trimble 的 Realworks，Geomatics 等。另外，在一些流行的 CAD/CAM 集成系统中也开始集成了类似模块，如 Uni-graphics 中的 PointCloud 功能、Pro/Engineering 中的 Pro/SCAN 功能、Cimatron90 中的 Reverse Engineering 功能模块等。其他的还如 SolidWorks 公司的 SolidWorks、Autodesk 公司的 AMD、UGS 公司的 UG、PTC 公司的 Pro/E、SDRC 公司的 IDEAS，Intergraph 公司的 SolidEdge、3D/Eye 公司的 Trispectives。

国内在三维激光数字测量软件处理方面也取得了一些成果，如浙江大学推出了 Re-Soft 软件系统，西安交通大学的 JbRe 软件系统。成都理工大学董秀军与黄润秋（2006）应用加拿大 Optech 公司生产的 ILRIS3D 三维激光扫描仪及其配套软件进行岩体结构面信息的采集获取方法研究。刘宏和娄国川等利用三维激光扫描技术对高边坡岩体结构进行调查。中国水利水电科学研究院的何秉顺与丁留谦等人应用三维激光扫描技术测量岩体结构面产状，并对点云数据的后处理进行了较深入的研究。

尽管目前国内对于三维激光数字测量技术研究取得了一些进展，但还存在一些问题：（1）我国自行研发的三维激光数字测量仪还处在低端阶段，所应用的激光测距部分还有电机部分仍然依靠进口；（2）三维激光数字测量仪的测量控制系统和数据处理软件，还主要依靠国外成熟的软件系统，完全国内科研院所研发的系统比较少，且不十分成熟，与国外商业处理软件相比还存在很大差距；（3）对于海量点云数据的存储、管理以及可视化，还需要大量的人机交互或人工操作，工作量大、耗时耗力，因此，迫切需要开发高效的点云数据压缩、点云数据配准和自动构建模型等算法。因此，国内亟待研制出自主产权的硬件设备，同时建立规范化的仪器性能指标检测体系，并开发通用的功能强大的点云数据管理与处理分析软件。

1.2 点云数据预处理及其三维可视化研究进展

地球空间信息科学是以全球定位系统（GPS）、地理信息系统（GIS）、遥感（RS）等空间信息技术为主要内容，并以计算机、通信等为主要技术支撑，用于采集、量测、分析、存储、管理、显示、传播和应用与地球和空间分布有关数据的一门综合和集成的信息科学和技术。三维激光数字测量系统与地球空间信息科学属于同类。通过应用三维激光数字测量仪连续、实时的采集了海量点云数据，其单个文件在几十兆、几百兆，甚至几个 G，点云数据的点数大约为几十万、几百万，甚至几十个亿，称此为点云库（Point Cloud Library，PCL）。常用的三维点云数据格式有 XYZ、PTS、TXT、PTX 等，这些数据类型都是 ASCII 格式，它们的格式一般都是由两个部分组成的，第一部分是头文件，第二部分是具体的三维点信息。另外还有二进制的 PLY、OBJ、DXF 这些点云格式，这些格式所包含的信息更为丰富，比如像素信息、面片信息等。

随着三维激光数字测量技术的发展，每秒的数据采集量可以达到几万个数据点，且这些数据点具有点云数据离散性特点。因此，如何有效地高速度、高密度地处理三维物体采集的数据，并保证其对任何几何对象的描述在精度上能够满足工程建模计算需求。这需要通过大型跨平台开源 C++ 编程库，对获取的海量点云数据进行滤波、分割、配准、检索、特征提取、曲面重建、可视化等处理，支持多种操作系统平台，可在 Windows、Linux、Android、Mac OS X、部分嵌入式实时系统上运行。

在对散乱数据进行精简、滤波、特征提取等处理过程中，需要获取数据点在其型面对应点处的单位法矢、微切平面及曲率值等信息，这就需要搜索数据点的 k 近邻，即在数据点集中寻找 k 个与该点欧氏距离最近的点。通常采取自顶向下，逐级划分的方式对空间数据进行分割，最有代表性的空间索引有：规则格网、四叉树、八叉树、kd 树、kdb 树、BSP 树、R 树、R+树等。其中，规则格网类型索引虽然比较简单，但是有着广泛的应用。四叉树、八叉树、kd 树、kdb 树、BSP 树、R 树等都可采取基于外存的空间索引。

根据精简点云采样分布形成的方式，可将现有精简点云的方法分为三类：迭代最优剔除、层次聚类、曲面重采样。不同的方法分别侧重减少原始点云与精简后点云之间的距离、曲率自适应、分布质量等方面。在曲率精简方法中，洪军利用包围盒法构造分割面，然后利用分割面将点云处理成扫描线结构，再利用角度、弦高联合准则法逐线精简；周绿使用了抛物面拟合法求解局部曲率，再根据曲率偏差对点云进行精简。在均匀精简方法中，万军通过以某一点定义采样立方体，求立方体内其余点到该点的距离，再根据平均距离和用户指定保留点的百分比进行精简，该方法由于没有预先对点云数据划分空间邻域，在检索采样立方体过程中，需要对全部点云数据进行判断。Song 等首先识别出尖锐特征采样点并予以保留，其余采样点依次按照影响度排序迭代去除。层次聚类方法具有计算效率高的优点，其缺点是不容易控制采样点的分布与误差。Lee 等采用非均匀八叉树对点云进行聚类并以法向变动控制八叉树细分，效率较高，但精简点云分布不均匀。Yu 等利用 k-means 算法对点云进行层次分割，采用局部协方差分析控制聚类过程，虽然分布质量提高但无法精确指定采样点数目。因此，处理海量数据时计算量较大，且不能根据指定的点距精简点云。

对于点云数据结构特征提取的研究，国内外学者近年来研究岩体结构面特征提取，岩体结构面主要由光滑平面构成，提取特征点、线、面，为构造岩体三维空间结构模型提供了条件。George Vosselman 等人，对机载和地面三维激光数字测量仪获取的点云数据做了大量研究工作，通过语义提取较高水平的要素，然后对激光测量数据进行分割，以便属于同一平面的点聚集在一起。然后，把每一分割面，与不同要素的约束条件相比较确定这一面表示哪种要素，然后自动提取岩体结构特征要素。

从几何空间的拓扑连续性角度来对点云分割问题进行研究。将数据点之间的空间几何关系作为确定分割边界的阈值判断标准，一般将空间域的点云分割算法划分为：基于边界的分割技术、基于区域生长的分割技术，以及混合边界和区域生长的技术、基于边界的算法是将点集空间域中相对距离、曲率、法向量不连续或者突变的点作为分割的边界点。建立拓扑结构关系通常是指建立点云的邻域关系，首先将数据进行空间划分，再在划分后候选点所在的子空间中划分新的子空间。通常由空间划分建立拓扑结构的方法有栅格法、八叉树（Octree）法、kd 树（k-dimensional tree）法等。空间栅格法对空间密度均匀的点云数据有很好的划分，计算速度很快，实现简单。但该法中的栅格尺寸不好确定，如果点云数据的空间密度不均匀，则会造成很多无数据的空栅格，造成空间冗余且大大降低计算速度。八叉树法将三维空间依次划分成 8 个子空间，若某个子空间中包含的数据点数大于给定阈值，则对该子空间继续下一轮的划分，重复上述划分过程直到最小立方体内数据点数小于某个特定阈值或者立方体边长小于特定值。八叉树法的最小粒度（即点数阈值）较难确定，粒度较大时，可能某些结点的数据量比较大，导致后续的搜索效率仍然比较低；粒度较小时，剖分的深度增加需要较大的存储空间，效率也会降低。kd 树法最早由 Bentlye 通过将二叉查找树扩展到高维空间提出，它在每一层划分时沿某一维将空间分成两部分，依此类推，当一个子树中的点数少于给定的阈值时结束划分。由于是二分空间，kd 树在邻域查找上比八叉树灵活，对几何结构有较强适应性，而且存储更为紧凑，有较高的搜索与查询效率，具有较大优势。

在地下巷道的三维重建流程中，点云配准在数据处理中处于首要作业部分，其核心的计算内容是解算具有一定重叠度的两幅点云数据之间的最优坐标转换关系，所涉及的参数一般包括两个点云基站坐标系之间的旋转、平移和缩放，并要考虑到在计算效率、配准可靠性以及配准模型适用性等方面取得平衡。点云配准技术主要有两大方式：（1）通过高精度定标的仪器获取多视点云数据，根据它们之间的原始变换关系，来进行点云数据间的配准计算；（2）利用点云数据中的变换信息（如相邻测区公共靶标的信息）或在点云数据获取的同时引入的其他信息（如由全站仪建立的控制坐标系统），对三维数据进行配准计算。

点云配准通常是在相邻的 2 个测站公共区域安置 3 个或 3 个以上靶标进行扫描，按照摄影测量影像匹配的原理，对相邻区域中的同一靶标组成的同名点对，计算点云配准参数，完成相邻点云的配准。点云数据配准具有代表性的算法包括基于最近点迭代的 ICP 算法和基于表面几何特征的配准算法。ICP 算法需要有较好的配准初始估计值，否则在迭代计算过程中容易陷入局部最优解，而影响配准结果的准确性；基于表面几何特征的算法配准效率较高，但如果几何特征条件不充分，会导致虚配准情况的产生，使得配准结果的可靠性降低。在实际应用中，为了保证配准结果的质量，通常将两种方法混合使用，以几何特征为预配准条件，然后再进行配准的迭代计算。

三维点云数据配准面临许多实际困难：（1）测站到扫描对象的距离越大，测距精度越低，而且采样分辨率低，产生噪声就大；（2）存在严重的遮挡和自遮挡；（3）场景构造复杂，有平面结构，也有复杂的曲面结构；（4）设站次数的增加，使得点云数据量相当庞大。其中，测距是影响扫描精度的重要原因，对点云配准精度的影响很大。

激光点云数据通常只能对地物进行可视化描述，数据中既包含了能突出地物表面特征的关键点，也包含了大量的冗余数据。为提高数据的使用效率，并清晰描述地物表面的几何结构和纹理特征，需要对点云数据进行几何重建，发点云模型化的后续应用软件，才能发挥三维激光资料的功效。目前，实现点云可视化的途径有两个，一个途径是直接使用现有软件，多数企业一般这样做，一般三维激光扫描仪器均自带控制软件及点云处理软件，控制软件大多有扫描预览功能，均可以实现可视化，另外还有商业软件例如 Polywork、Geomagic 等这些软件多用于点云的逆向工程产品建模方面；另一种途径是高校及研究院所喜欢的，通过软件开发实现点云可视化，例如北京矿冶研究总院就开发了三维激光扫描仪及相关软件。

几何重建是用高级的几何特征，如线、面、多边形网格和几何基元（体）来对点云数据进行表面模型或者实体模型的拟合。（1）基于特征线的方法：通过拟合所测巷道立面的边界点云数据，可以得到巷道外部特征的完整轮廓线，从而实现由点云数据描述巷道外部形态到轮廓线表达巷道外部特征的转换。（2）基于特征面的方法：是利用平面、多项次曲线或曲面来构造目标地物的表面模型或者实体模型。具有代表性的数学模型包括：贝塞尔曲面和非均匀有理 B 样条函数和径向基函数。（3）基于多边形网格（Polymesh Mesh）的方法。（4）基于几何基元的方法：利用几何实体对地物表面规则的几何结构点云数据进行拟合。

按照构造简化逼近模型的方式，简化算法可以分为细化提升（refinement）和抽取简化（decimation）两大类。细化提升算法从一个简单的初始逼近模型开始，逐渐向其中增加元素，直至该逼近模型达到逼近误差的要求；而抽取简化算法则是从原始模型开始，逐渐删除一些元素，直到逼近误差达到允许的上限，对于形状复杂的三维网格模型，构造它的初始逼近网格并不容易，因此，细化提升的方法应用得比较少。

1.3 矿用三维激光数字测量发展现状

金属矿床地下开采形成的采空区往往致使矿山开采条件恶化，相邻作业区采场和巷道维护困难，甚至引发井下大面积冒落、岩移和地表塌陷等灾害，对矿山安全生产构成严重威胁。准确获取采空区三维空间形态、位置及体积等空间信息，对实现采空区的灾变监控与治理具有重要意义。目前国内外对采空区的探测技术主要包括工程钻探、地球物理勘探、三维激光探测等技术。其中，三维激光探测技术能精确获取采空区边界的点云空间信息，利用其高精度的探测成果并借助第三方矿山建模软件可开展采空区的三维精确建模，采场回采贫化损失等指标可视化精确计算，开采爆破设计与控制以及采空区稳定性分析等方面的研究工作。尽管目前国内外有一些矿山建模软件具有一定的采空区三维建模功能，如SURPAC 和 DIMINE 等，但集成采空区信息管理、三维建模及分析管理等功能的专门采空区建模及信息管理软件尚未研发，该领域研究具有广阔的应用前景。空区监测系统（cavity monitoring system，CMS）是一种可用于地下矿山采空区的激光扫描探测的设备。通过连接杆将激光扫描头伸入空区，扫描头中心坐标可通过连接杆的两个靶标坐标换算获得，探测时扫描头 360° 旋转并连续测量收集测点距离和角度。每扫描完一圈后，扫描头将自动抬高预设角度并进行新一圈扫描，直至完成全部的探测工作为止。通过扫描中心坐标、扫描角度和测量距离这三个参数精准控制，确保了探测的数据为精确的采空区边界点云空间信息。

本书以三维激光数字测量技术连续实时采集的采空区边界点云空间信息数据为基础，通过点云数据精简、滤波、分割、配准、检索、特征提取、曲面重建、可视化等处理研究采空区三维模型构建及三维可视化、采空区体积和顶板暴露面积计算，以及采空区信息管理等关键技术，以便为研制三维激光数字测量空间信息三维建模集成系统提供依据。

2 三维激光数字测量仪
工作原理及工作方式

2.1 三维激光数字测量仪简介

三维激光数字测量技术是一种集成了激光测距、自动控制等高新技术的新型测绘技术。三维激光数字测量仪作为三维激光测量系统主要组成部分之一，由激光发射器、接收器、时间计数器、角度编码器、倾斜补偿器、控制电路以及相关配套软件等组成。

三维激光测量仪是由目标激光测距仪和角度测量仪组合而成自动化快速测量系统，激光测距配合角度测量获得测点的极坐标，且可以配合相机获得被测对象的颜色信息。在三维激光数字测量仪器内部，数据测量控制模块调整并测量每个脉冲激光的角度，针对每一个测量点可测得测站至被测点的斜距，再配合测量得到的水平和垂直方向角度，可以得到每一个量测点与测站的空间相对坐标。如图2-1 所示为三维激光数字测量仪的系统组成。

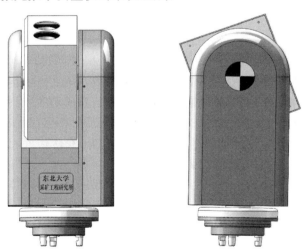

图 2-1　三维激光数字测量仪

在地下金属矿采场（巷道）架设三维激光数字测量仪，通过激光测距传感器和角度传感器连续采集到采场（巷道）表面岩体的量测空间距离数据信息称为点云（Point Cloud），是在同一空间坐标参考体系下表达目标空间分布和目标表面特性的海量点集合，该点云包含四维信息，即三维坐标（x，y，z）和回光信号强度（Intensity）。量测的空间分辨率指测量点的采样间隔，反映了被测物体的精细程度，对每一个量测目标的测量，都需预先设置测量分辨率。三维激光数字测量仪器其技术指标还包括精密度、准确度、单点精度、限差等。

三维激光数字测量仪测距方法按照测距原理，其主要有脉冲法、相位法、三角法和 PinPoint 精密测距法。脉冲法通过直接测量测距的激光脉冲往返仪器和被测目标之间的飞行时间（Time of flight），其特点是测距长（几十米至数百米），测距精度较低（厘米级）。相位法是经过调制后的测距信号和被测目标之间所产生的相位差，其主要特点是测程较长，测距精度较高（毫米级）。三角法采用三角形边角关系确定被测目标的大小，其主要特点是测程短（通常几米），测距精度非常高（0.1mm 甚至达微米级）。PinPoint 精密测距法将测距部分与发射部分当做一个时不变系统，采用数字信号分析的原理对测距信号进行分析，取消了传统的内光路系统与测距信号强度控制系统。

依据测量方式可以分为全景式、混合式、定向式、断面式等。

目前国内常用的中长距离三维激光数字测量仪的生产厂商主要有 Leica、Optech、Mensi、Rigel、Trimble、Faro 等。其生产的三维激光数字测量仪的主要技术指标见表 2-1。

表 2-1　常用三维激光数字测量仪的主要技术指标

厂家	Leica	Trimble	Rigel	Faro	Optech
仪器型号	ScanStation C10	GX3D	VZ-4000	Focus3D	ILRIS-LR
测量距离/m	300@90%	1～300	4000	70	3000
测量速度/点·s^{-1}	50000	5000	147000	976000	>2000
测量视场/(°)	360/270	360/60	360/60	360/320	40/40
重量/kg	—	—	—	5	12
测量精度	6mm/50m	+/-12mm	10mm	3mm/10m	7mm/100
光斑大小	<6mm/50m	—	18mm	3mm	30mm/100m
软件系统	Cyclone	3Dipsos	RiScan Pro	Faro Scene	Polyworks

2.2　三维激光数字测量仪工作方式

目前，国内外已经有很多种三维激光数字测量仪，并依据其使用功能、技术性能、工作方式以及应用领域不同，将其划分为六种：钻孔量测、手持式、轨道式、测站式、车载式、机载式。

2.2.1　钻孔量测

2.2.1.1　系统简介

三维激光探测系统主要由激光测量探头、标准加长杆、钻孔摄像头、电源、电缆和计算机控制软件等构成；通过计算机自带的软件系统，它不仅可以处理空区探测后产生的原始数据，并且可以将其导入到 AutoCAD 或其他建模软件中进行处理。钻孔量测系统示意图如图 2-2 所示。

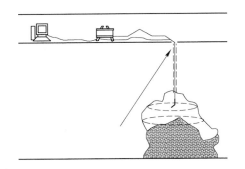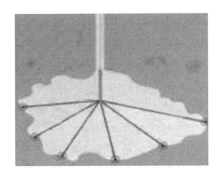

图 2-2　钻孔量测系统示意图

2.2.1.2　工作原理

探测系统采用激光测距原理，测量系统部分内置一个激光测距仪，该激光测距仪通过发射脉冲激光，依次量测空区任意点位，到达空区岩体表面后被反射返回，返回的时间通过高精度计时器记录下来，然后通过微处理器利用该时间自动计算出距离。设该距离值为 L，每个激光脉冲水平横向测量角度为 α，垂直纵向测量角度为 θ，由此可得到每个三维激光测点坐标的计算公式（2-1）（如图 2-3 所示）。激光测距传感器在空区内可以上下 180°、水平 360°旋转，进而达到对空区完整量测的目的。

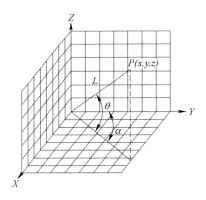

图 2-3　三维激光测距原理

系统测量范围 0.5～150m，精确度为（±）5cm，水平和垂直角精确度为 0.1°，数据捕捉率为 200 点/s。钻孔式激光数字量测系统主要有两种数据测量方式：单水平切面测量和单垂直切面测量，其工作原理如图 2-4 所示。

$$\left.\begin{array}{l} x = L\cos\theta\cos\varphi \\ y = L\cos\theta\sin\varphi \\ z = L\sin\theta \end{array}\right\} \tag{2-1}$$

2.2.2　手持式

手持式激光测量仪是一种便携式的三维激光数字测量仪，可以精确的给出物体的长度、面积、体积，可以在数秒内快速的测得精确、可靠的三维空间模型，

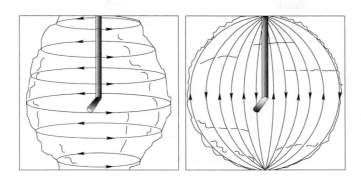

图 2-4　探测系统工作原理

应用范围包括古建筑重建、建筑应用、洞穴测量和液面测量等，此类型的仪器配有联机软件和反射片。手持式三维激光数字测量技术使用线激光获取物体表面点云，用视觉标记确定三维激光数字测量仪在工作过程中的空间位置。手持式三维激光数字测量仪具有灵活、高效、易用的优点。

2.2.2.1　系统简介

手持式三维激光数字测量仪主要包括信息输入、数据采集和数据处理输出设备。信息输入主要由激光测量系统、两个 CCD 摄像机及照明设备组成（如图 2-5 所示）。

2.2.2.2　工作原理

手持式三维激光数字测量仪，主要利用两个摄像机的图像平面，和被测物体之间构成三角形，根据前方交会定点原理进行测量。如果已知两摄像机

图 2-5　手持式激光数字测量仪

之间的位置关系，即可测量两摄像机公共视场内物体空间特征点的三维坐标。

设摄像机 a、b 的坐标系分别为 $O_aX_aY_aZ_a$ 和 $O_bX_bY_bZ_b$；像坐标系为 $X_{aO}1_aY_a$ 和 $X_{bO}1_bY_b$；两摄像机的焦距为 f_a 和 f_b。空间被测量点 P 在摄像机 a、b 测量坐标系中的坐标分别为（x_a，y_a，z_a）和（x_b，y_b，z_b），两者之间的关系可表示为：

$$\begin{bmatrix} x_b \\ y_b \\ z_b \end{bmatrix} = M_{ab} \begin{bmatrix} x_a \\ y_a \\ z_a \\ 1 \end{bmatrix} = \begin{bmatrix} R & T \end{bmatrix} \begin{bmatrix} x_a \\ y_a \\ z_a \\ 1 \end{bmatrix} \tag{2-2}$$

式中　R——旋转矩阵，表达对两摄像机坐标系的旋转关系；

　　　T——平移变换矢量，表达两摄像机坐标系的平移关系。

空间被测量点与其在摄像机像面坐标系中对应像点坐标（x_a，y_a）之间的关系用齐次坐标可表达为：

$$P\begin{bmatrix} X_a \\ Y_a \\ 1 \end{bmatrix} = \begin{bmatrix} f_a & 0 & 0 \\ 0 & f_a & 0 \\ 0 & 0 & 1 \end{bmatrix}\begin{bmatrix} x_a \\ y_a \\ z_a \end{bmatrix}$$

$$P\begin{bmatrix} X_b \\ Y_b \\ 1 \end{bmatrix} = \begin{bmatrix} f_b & 0 & 0 \\ 0 & f_b & 0 \\ 0 & 0 & 1 \end{bmatrix}\begin{bmatrix} x_b \\ y_b \\ z_b \end{bmatrix}$$

(2-3)

由式（2-2）和式（2-3）可解出曲面目标点的空间三维坐标。

$$\begin{cases} x_a = \dfrac{X_a}{f_a}z_a \\[2mm] y_a = \dfrac{Y_a}{f_a}z_a \\[2mm] z_a = \dfrac{T_x f_a X_b - T_x f_a f_b}{H} \end{cases}$$

(2-4)

式中，$H = f_b(R_1 X_a + R_2 Y_a + R_3 f_a) - X_b(R_7 X_a + R_8 Y_a + R_9 f_a)$。

得到目标点的空间三维坐标之后保存，可进一步分析处理，如计算体积、建立三维空间模型等。

2.2.3 轨道式

轨道式三维激光数字测量仪，包括轨道、位于轨道上的行走机构、安装于所述行走机构上的激光测量器和数字编码器、固定于所述行走机构上的操作平台、放置于所述操作平台上的计算机、用于为激光测量器提供电源的电源箱，激光测距传感器的一端与计算机相连，激光测距传感器的另一端与电源箱相连，电源箱与所述数字编码器相连，形成轨道式三维激光数字测量系统。该三维激光数字测量系统实现隧/巷道断面实时连续量测，有效地解决隧/巷道验收、变形监测及隧/巷道岩体稳定性分析（如图2-6和图2-7所示）。其具体工作原理如图2-8所示，量测结果如图2-9所示。

图2-6 轨道式测量工作图

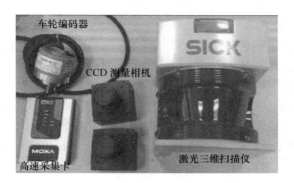

图 2-7　轨道式测量元件

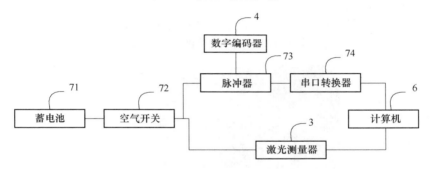

图 2-8　测量工作原理图

图 2-9　轨道式量测结果

2.2.4　测站式

测站式的三维激光数字测量仪类似于传统测量中的全站仪，它由一个激光测距传感器、电机自控系统及软件控制系统组成。与传统的全站仪不同之处在于，测站式三维激光数字测量仪采集的不是离散的单点三维坐标，而是一系列的点云数据，这些点云数据可以直接用来进行三维建模。

2.2.4.1　测站式系统简介

测站式三维激光数字测量仪主要由四部分组成：激光测距仪、控制器、电源和软件。在仪器内，通过一个测量水平角的反射镜和一个测量天顶距的反射镜同步、快速而有序地旋转，将激光脉冲发射体发出的窄束激光脉冲依次扫过被测区域，测距模块测量每个激光脉冲的空间距离，同时测距控制模块控制和测量每个脉冲激光的水平角和天顶距，最后按空间极坐标原理计算出测量的激光点在被测物体上的三维坐标。

2.2.4.2　工作原理

通过记录激光束从发射到反射回系统的时间差（或相位差），计算三维激光数字测量仪到被测物体的距离（L）（如图 2-3 所示）；仪器内置的精密时钟控制编码器保证系统可以同步测量出每个激光脉冲横向测量角度值（α）和纵向测量角度值（θ）；进而通过计算可得到被测物体的三维空间坐标（如图 2-10 所示）。

图 2-10　测站式三维激光数字测量结果

2.2.5　车载式

车载式三维激光数字测量仪（如图 2-11 所示），它是承载了激光测距仪、双目立体相机数据采集和记录系统，基于车载平台，由激光测距仪和摄影测量获得原始数据作为三维建模的数据源。车载式激光测量系统具有以下优点：能够直接获取被测目标的三维点云数据坐标；可连续快速测量；效率高，速度快。但其价格昂贵，目前应用较少。

基于车载激光测量系统的数据采集主要包括六个部分：GPS 基准站的建立、时间同步、空间配准、GPS/INS 组合系统导航、激光数据获取以及 CCD 相机数据获取，其数据采集流程如图 2-12 所示。

（1）GPS 基准站的建立。GPS 基准站的建立主要为激光测距仪精确定位服务，测区内基准站的数目至少为 2 个，在基准站上安置与车载 GPS 设备同步的 GPS 接收机，利用 DGPS 技术可获得激光测距仪的实时位置信息。按照《全球定

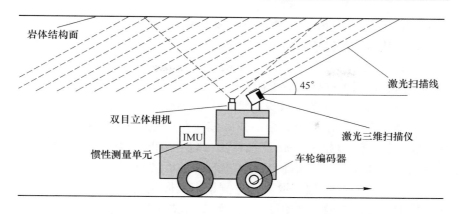

图 2-11 车载式三维激光数字测量原理图

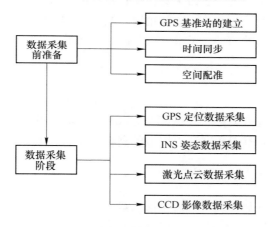

图 2-12 车载三维激光测距仪数据采集流程

位系统（GPS）测量规范》（GB/T 18314—2009）固定，GPS 基准站选址需满足以下原则：

1）应安装接收设备和操作，视野开阔，视场内障碍物的高度角不宜超过 15°。

2）原理大功率无线电发射源（如电视台、电台、微波站等），其距离不小于 200m；远离高压输电线和微波无线电信号传输通道，其距离不应小于 50m。

3）附近不应有强烈反射卫星信号的物体（如大型建筑物等）。

4）交通方便，并有利于其他测量手段扩展和联测。

5）地面基础稳定，易于标识的长期保存。

6）充分利用符合条件的已知控制点。

7）选站时应尽可能是测站附近的局部环境（地形、地貌、植被等）与周围的大环境保持一致，以减少气象元素的代表性误差。

（2）时间同步。时间同步是指在数据采集时对 GPS、INS、LS、CCD 进行时间同步处理，从而使各传感器的启动一致。

（3）空间配准。由于传感器在车上的安置位置不同，需要利用空间坐标转换技术，将所有数据配准到同一坐标系中。

（4）GPS/INS 组合导航。GPS/INS 主要用于获取车的姿态参数，得到激光测量仪在大地坐标系下的俯仰角、翻滚角和偏航角，并以 GPS 测量数据为时间基准，采用特定的算法（如 Kalman 滤波算法）融合 GPS 和 INS 数据，推算出各传感器平台的位置和姿态，从而确定整个系统的运动路线及姿态变化。

（5）三维激光点云数据获取。通过测量车上固定的三维激光数字测量仪在垂直于车辆前进方向上做二维测量，并以汽车行驶方向作为运动维，实现三维数据采集。所获得的原始测量数据主要包括：每条测量线的序号，在某一时刻所得到的测量仪中心点到目标点的距离和角度，测量点的时间。

（6）CCD 相机数据获取。CCD 相机主要用于同步获取地物的灰度信息、纹理信息。

2.2.6　机载式

机载系统以飞机为载体，高度集成了 GPS、INS、测量激光测距系统和摄影相机，主要应用于大范围数字高程模型的高精度实时获取、城市三维模型快速重建等方面。

2.2.6.1　系统简介

机载式激光测量系统由激光测量仪（LS）、飞行惯导系统（INS）、DGPS 定位系统、成像装置（UI）、计算机、数据采集器、记录器、处理软件和电源构成。DGPS 系统给出成像系统和测量仪的精确空间三维坐标，惯导系统给出其空中的姿态参数，由激光测量仪进行空对地式的测量来测定成像中心到地面采样点的精确距离，再根据几何原理计算出采样点的三维坐标。

主要原理是先利用 GPS 和 INS 实现测量仪的定位和姿态参数测定，再沿着飞机的航线方向进行纵向测量，并通过测量镜的转动实现横向测量，最后利用摄影相机获得地物的影像信息。机载激光测量系统可获得如下 4 种数据：激光测距数据、姿态参数、GPS 未知数据以及影像数据。

2.2.6.2　数据获取

（1）在航飞前要制订飞行计划。航飞计划应包括航带划分，确定飞行高度、速度、激光脉冲频率、航带宽度、激光反射镜转动速度、数码相机方位元素及定位、相机拍摄时间间隔等，并将各航带的首尾坐标及其他导航坐标输入导航计算机内，在飞行导航控制软件的辅助下进行飞行作业。

（2）安置 GPS 接收机。为保证飞机飞行各时刻的三维坐标数据的精度，需要在地面沿航线布设一定数量的 GPS 基准站，同时将 GPS 流动站安置在飞机上。

（3）激光全景测量。预先设置好测量镜的摆动方向和摆动角度，当飞机飞行时，红外激光发生器向测量镜上不停地发射激光，通过飞机的运动和测量镜的运动反射，使激光束打到地面并覆盖测区，当激光束到达地面或遇到其他障碍物时被反射回来，被一光电接收感应器接收并将其转换成电信号。根据激光发射至接收的时间间隔即可精确测出传感器至地面的距离。

（4）惯性测量。当飞机飞行时，惯性测量装置同时也将飞机的飞行姿态测出来，并和激光的有关数据、测量镜的测量角度一起记录在磁带上。

（5）数码相机拍摄。利用数码相机进行拍摄时，需要对其拍摄时间间隔和拍摄位置进行控制。通常是用 GPS 系统进行时间和位置控制。

（6）数据传输。航飞数据采集结束后，将所有的激光测量数据、数码影像数据、GPS 数据及惯性测量数据都传输到计算机中，为后续数据处理做准备。

2.2.6.3 数据处理

机载三维激光测量系统的数据处理有一定特殊性，故在这里进行简要介绍。机载激光测量仪原始数据经过预处理阶段，生成数字表面模型 DSM，再经过数据的过滤和特征提取，得到与建模相关的地形和地物等信息，才可供后续的应用。

（1）原始飞行数据。机载 GPS 与地面基站 GPS 的空间位置数据、惯性导航系统数据、激光测量数据、激光反射强度信息以及回波数据、原始数码影像。

（2）航线重构。航线重构为后期的航带拼接，接边检查提供了数据支持。通过对地面基站 GPS 数据和机载 GPS 数据进行联合差分解算，就可以精确确定飞机飞行轨迹。

（3）激光数据的系统误差和异常值剔除。在处理激光测距原始数据时必须剔除异常点，即测距远大于飞行高度的奇异点或测距值特别小的无效数据。

（4）计算激光点三维空间坐标。对飞机 GPS 轨迹数据、INS 飞机姿态数据、激光测距数据及激光测量镜的摆动角度数据进行联合处理，最后得到各测点的 $(x，y，z)$ 三维坐标数据。

（5）坐标转换。利用 GPS/INS 组合系统动态定位所提供的定位信息属于 W6S-84 坐标系，如果测量结果属于其他坐标系，则必须解决定位结果的坐标转换问题。

（6）点位数据读写。系统产生的数据经硬件厂商的初步处理后交到用户手中，由于产品的制造商不同，所产生的原始数据的格式也不尽相同。

（7）航带拼接。利用飞行同步获取的地面高清影像，可以确定和消除航带间的系统误差。航带拼接的目的是提高重叠区域数据精度，满足接边地物的连贯性。

　　（8）多源数据配准。遥感图像的成像模式具有多样性，通常可以在同一地区获得不同传感器、不同尺度、不同时相的数据，所以在融合这些多源数据时就必须应用图像配准技术，用以校正各类图像之间的差异。

　　（9）滤波。目前用于机载激光测量数据滤波的方法大致可分为数学形态学滤波法、移动窗口法、迭代线性最小二乘内插法、基于地形坡度滤波等。

　　（10）人工编辑。人工交互编辑的目的是剔除自动滤波，自动分类没有滤掉的部分粗查和未分类正确的激光点。

　　（11）接边检查。为确保接边区域的地物完整和准确，需要进行基于地物特征的算法和目视判读方法支持。

　　（12）生成 DEM/DSM。经过上述处理的数据进行内插等运算，生成可以满足工程标准的 DEM 和 DSM。

2.3　三维激光数字测量仪工作原理

　　三维激光测量仪是由目标激光测距仪和角度测量仪组合而成自动化快速测量系统。激光测距仪通过激光脉冲发射体向被测目标体发射窄束激光脉冲，测量激光脉冲从发出经目标体表面反射返回仪器所经过的时间得到仪器与测点的距离 L。同时，激光测距仪在两个互相垂直的步进电机的驱动下，分别在垂直和水平方向上转动，由一台步进机驱动测距仪在铅直方向上完成一列测量后，另一台步进电机驱动测距仪在水平方向上转动一步，再进行下一列的测量，两台步进电机交替工作，如此依次量测过被测区域，通过步进电机的步数、步距角和起始角度得出测量目标体上各点的垂直方向角 θ 和水平方向角 α。同时结合数码相机使用，可得到测量点颜色信息。此外，三维激光数字测量仪还可以由目标的反射率得到目标的灰度值。三维激光数字测量原理如图 2-13 所示。

　　从三维激光数字测量仪的系统组成，可知原始观测数据主要包括：

　　（1）通过两个连续转动，用来量测测距传感器及精密时钟控制编码器同步，测量每个激光脉冲水平向量测角度观测值 α 和垂直向量测角度观测值 θ。

　　（2）通过激光脉冲传播的时间（或相位差）计算得到的仪器到被测点的距离值 L。

　　（3）量测点的反射强度 I。

　　三维激光测距过程中，激光脉冲传感器是绕垂直轴和水平轴进行旋转。垂直轴和水平轴的交点构成仪器局部坐标系的原点 O，水平轴构成了三维激光测量仪局部坐标系的 Y 轴；垂直轴构成了激光测量仪坐标系的 Z 轴，依据右手坐标系的构建原则，与三维激光测量仪 Y 轴及 Z 轴垂直的轴为 X 轴（如图2-13所示）。在三维激光测量仪的实测数据中，仪器只能测量出坐标原点 O 至被测物体反射面 P 之间的距离 L、垂直角 θ、水平角 α 及返回信号的强度 I，并转换成三维激光测

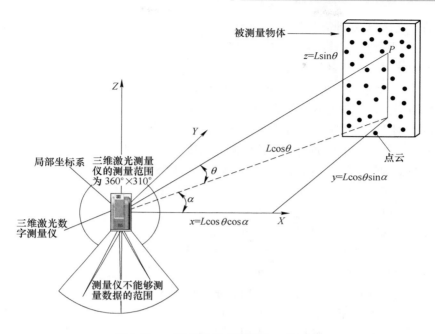

图 2-13　三维激光数字测量仪工作原理

量仪局部坐标系中的坐标，即：

$$
\left. \begin{aligned} x &= L\cos\theta\cos\alpha \\ y &= L\cos\theta\sin\alpha \\ z &= L\sin\theta \end{aligned} \right\} \tag{2-5}
$$

从式（2-5）可以看出要测量被测物体的空间坐标（x，y，z），需要首先测量距离 L、垂直角 θ 和水平角 α。由于三维激光测量仪的距离测量依靠被测物体反射回来的测距信号。因此，从测量工作原理上，三维激光测量仪与传统的免棱镜全站仪是一样的。

2.4　三维激光数字测量仪检定方法

三维激光数字测量仪研发成功并应用到生产实践中已经有二十多年了，但由于最初三维激光数字测量仪研发首先应用在非测绘行业中，仪器生产厂家对测绘行业的需求不太了解。近年来，三维激光数字测量仪已经开始大规模地进入测绘行业，测绘工程师已经将这种仪器视为测绘仪器的又一次飞跃。按照测绘行业对测绘仪器要求的既有模式，需要探寻仪器的误差源并针对各项误差源进行检定，因此在可以预见的一段时间内，必将有更多的测绘工作者研究三维激光数字测量仪的检定问题。

从 2001 年开始，国内外陆续有学者开始发表有关三维激光数字测量仪检定方面的论文。意大利费拉拉（Ferrara）大学的巴尔扎尼（M. Balzani）教授于 2001 年在国际建筑摄影测量委员会（International Committee for Architectural Photogrammetry，CIPA）召开的会议上发表的论文《地面三维激光数字测量仪的精度检定》（A terrestrial 3D laser scanner：accuracy tests），开启了地面激光测量仪检定方面的工作，归纳起来，可以分为以下两个方面：

（1）对不同仪器性能进行比较的研究。国外有许多研究人员参照全站仪的检定方法，对多种地面激光测量仪的测距精度、测角精度、不同材质反射面对测距性能的影响等进行过研究，并取得了丰硕的成果。例如，瑞典皇家理工学院的列舍特尤克在他的博士论文中对采用脉冲法测距原理的地面激光测量仪进行过详细研究（Reshetyuk，2006）。

（2）标准化检定方法的研究。2003 年，德国美因茨应用技术大学的伯勒尔教授（Boehler，2003）等在其发表的一篇名为《激光测量仪精度调查》（Investigating Laser Scanner Accuracy）的论文中，首次采用标准化的检定方法对地面激光测量仪进行检定。在该论文中，伯勒尔教授等还率先提出采用鉴别率板对地面激光测量仪的鉴别率进行检定（Gottwald，2008）。而 2005～2006 年间，德国慕尼黑国防大学海斯特尔教授进一步规范了地面激光测量仪需要检定的参数及标准设备的测量不确定度。

2008 年，瑞士西北应用科学大学的戈特瓦尔德（R. Gottwald）教授依据其硕士研究生的研究成果，按国际标准《光学与光学仪器——大地测量仪器的野外检验程序》（ISO 17123）的格式起草了地面激光测量仪国际标准（ISO 17123-9）的建议稿（Gottwald，2008）。到了 2010 年，德国美因茨应用技术大学克恩教授（Kern，2010）发表名为《地面激光三维激光数字测量仪验收及复检指南》（Prufrichtlinie zur Abnahme und Uberwachung von Terrestrischen Laserscanner-Systemen）的论文，又进一步规范了地面激光测量仪的性能检定方法。

与国外已经大量开展的研究相比，国内在三维激光数字测量仪标准化检定方法的研究方面还是处于起步阶段。三维激光数字测量仪检定的主要问题：

（1）仪器生产厂家给出的指标各不相同。与仪器生产厂家统一标识传统测绘仪器的精度指标不同，三维激光数字测量仪生产厂家都按照各自的方式标示仪器的性能。

（2）缺乏检定方法与标准。各个仪器生产厂家采用不同的术语和指标来表示三维激光数字测量仪的精度指标，各个仪器生产厂家也没有采用完全相同的检定方法对三维激光数字测量仪进行检定。因此，很难对不同三维激光数字测量仪的性能进行相互比较。

随着三维激光数字测量仪引入测绘行业，并作为一种大地测量仪器获取被测目标点的三维坐标以来，人们希望能够建立一种标准化的检定程序对三维激光数字测量仪进行检定，以期能够规范三维激光数字测量仪的检定方法，这是因为当前各个仪器生产厂家均按照各自方法和手段对各自的三维激光数字测量仪进行检定，而且给出的技术参数也各不相同。这种混乱的局面使得不同厂家生产的三维激光数字测量仪之间缺乏比较，让使用者陷入困惑的境地。

德国慕尼黑国防大学测量研究所的海斯特尔（H. Heister）教授于 2006 年提出了地面激光测量仪的整体检定方法，经德国达姆施塔特技术大学的戈登（B. Gordon）博士的进一步发展，这种方法更成为检定地面激光测量仪国际标准（ISO 17123-9）的建议稿内容（Gottwald，2008）。

2.5　误差来源分析

与传统的免棱镜全站仪比起来，三维激光数字测量仪除具有测量速度快、自动化程度高等显著特点外，其最基本的测量方法仍然为采用激光光源的免棱镜距离测量及采用绝对码盘的角度测量；有的仪器采用了补偿器来补偿仪器的倾斜，有的仪器则没有。因此，在传统免棱镜全站仪上存在的误差在三维激光数字测量仪上一样存在，只是由于三维激光数字测量仪的测量特点，使得有些误差的影响显得更为重要。目前不同的研究者对三维激光数字测量仪的误差分类采用了不完全相同的分类方法。

瑞士联邦技术大学（苏黎世）措格（Zogg，2008）博士将三维激光数字测量仪的误差源归结为由地面激光测量仪本身、外界环境条件及反射目标等三方面引起，图 2-14（Zogg，2008）标示了各个部分误差的来源。其中，三维激光数字测量仪本身的误差源（称为仪器误差）是可以通过仪器生产厂家提高产品的质量，计量检定人员采用一定的检定设备检定等进行改善的；大气环境引起的误差源，除了个别误差源（如大气折射）可以进行改正外，其他误差源只能够由仪器使用者通过选择恰当的工作环境和工作时间减少其影响；目前反射目标对测量成果的影响，还只能通过了解其影响规律，在实际工作中尽量避免。

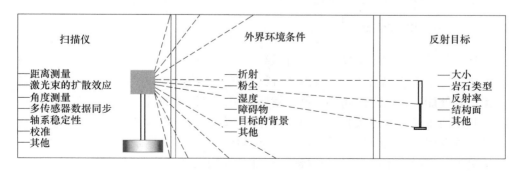

图 2-14　激光测量误差源

2.5.1   角度测量

图 2-15 给出了三维激光数字测量仪角度测量系统的轴系关系。为确定被测点 P 的坐标，除需要测量仪器至被测点的距离外，还需要测定水平角 α 和天顶距 θ 。与传统的经纬仪类似，三维激光数字测量仪的轴系也需要满足以下条件：

（1）视准轴（激光束发射与接收轴）应垂直于水平轴（第一旋转轴）；

（2）水平轴（第一旋转轴）应垂直于垂直轴（第二旋转轴）；

（3）垂直轴应当铅直（包括部分带倾斜补偿器的仪器）；

（4）当视准轴水平时，垂直度盘的天顶距 θ 读数为 90°；

（5）视准轴、水平轴及垂直轴相交于仪器中心。

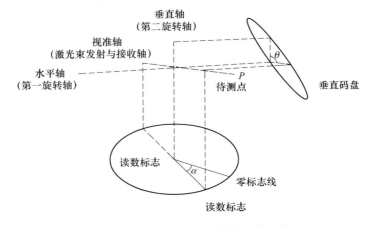

图 2-15   地面激光测量仪轴系关系图

除上述条件需要满足外，与全站仪的要求相似，理论上三维激光数字测量仪的测角系统还应满足水平轴（第一旋转轴）应通过竖直码盘中心、垂直轴（第二旋转轴）应通过水平度盘中心，以及码盘分划正确的条件。但目前三维激光数字测量仪的精度较低，现代制造技术很容易满足，已经不将这些要求纳入。

2.5.2   距离测量加常数

加常数是电磁波测距仪中的固有系统误差，全站仪及测距中的加常数已经为广大仪器使用者所熟悉。与传统的全站仪不同，三维激光数字测量仪不需要反射棱镜配合就能够进行距离测量，这样就不能用反射棱镜的常数来补偿激光器的偏心；测距的激光束经过激光束转向系统，发生转向后再投射到被测物体上，然后由被测物返回，由接收光学系统接收，这样必然存在一个测距起算点的问题，一般情况下是将激光束的发射点和接收点共同形成的点称为三维激光数字测量仪测距的零点；同时，第一旋转轴与第二旋转轴的交点是地面激光测量仪的中心。因此，三维激光数字测量仪的加常数是指测距的起算点与仪器中心之间的差值。

2.5.3 外界气象环境条件引起的误差

由最基本的光电测距公式可得仪器显示的距离 d' 为：

$$d' = \frac{c_0}{n_{ref}} \frac{\Delta t}{2} \tag{2-6}$$

式中　c_0——真光速值；

　　　n_{ref}——仪器设计的参考折射率；

　　　Δt——测距信号往返反射棱镜的时间。

参考折射率 n_{ref} 的计算公式为：

$$n_{ref} = \frac{c_0}{\lambda_{mod} f_{mod}} = \frac{c_0}{2U f_{mod}} \tag{2-7}$$

式中　λ_{mod}——仪器设计的精测尺调制波长；

　　　f_{mod}——仪器设计的精测尺调制频率；

　　　U——仪器的精测尺长度，$U = \lambda_{mod}/2$。

测距信号往返反射棱镜的实际距离 d 为：

$$d = \frac{c_0}{n} \frac{\Delta t}{2} \tag{2-8}$$

式中　n——测线上大气平均折射率。

由此可得气象改正（又称第一速度改正）为：

$$\Delta D_n = d - d' = c_0 \frac{\Delta t}{2} \frac{1}{n} - \frac{1}{n_{ref}} = \frac{c_0 \Delta t}{2 n_{ref}} \frac{n_{ref} - n}{n} \tag{2-9}$$

由于 $n \approx 1$，则式（2-9）可以写成：

$$\Delta D_n = d'(n_{ref} - n) \tag{2-10}$$

$$d = d' + d'(n_{ref} - n) \tag{2-11}$$

$$d = d' + \Delta D_n \tag{2-12}$$

2.5.4 反射面不同特性对测距结果的影响

这里的不同反射面是指具有不同颜色、不同材质、不同纹理、不同入射角等自然和人工形成的反射面。众所周知，不同结构的反射面具有不同的反射率，这将直接影响仪器的测程和常数。虽然国内外许多研究人员对该问题进行了较多研究，取得了一些研究成果，但问题还没有完全解决。这是因为人们可以针对单一的情况进行试验，取得一定的试验数据，但在实际使用过程中，反射面可能是多种材料的混合体，情况千变万化。

2.5.4.1 对测程的影响

图 2-16 为免棱镜测距模式下测程与反射面之间的关系示意图。

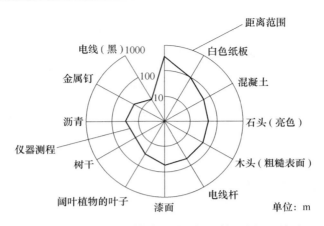

图 2-16   免棱镜测距模式下测程与反射面之间的关系

2.5.4.2   对仪器常数的影响

斯蒂罗斯（Stiros，2007）等详细研究了 41 种不同反射物对免棱镜测距结果的影响。他们将所有反射物分成自然岩石（如灰色石头）、人工织物（如深蓝色羊毛衣物）、建筑材料（如光滑木板）、工业产品（如黄色纸张）及其他（如镜面）等 5 类，在大约 10m、20m、30m、40m、50m、60m、70m、80m、90m、100m、120m 及 150m 处设定了已知距离，然后分别在这些距离的两端设置全站仪和不同的反射物进行距离测量，并通过对这些距离测量结果进行分析得出了如下结论：

（1）测量偏差与被测距离之间不存在线性关系。但采用同类材质反射物时，测量偏差与被测距离之间关系类似。

（2）仪器的测程与反射物的颜色相关。颜色越浅，反射信号越强，仪器的测程越长。

（3）使用不同反射物进行距离测量时，被检仪器的常数变化为 60 ~ 140mm。这种变化远远超过了仪器测距精度的容许值。当反射物为强反射面（如镀银镜面）时，通常不能够采用免棱镜测量模式完成测量工作，虽然可以采用常规测量模式进行距离测量，但这个测量结果往往是错误的。例如，斯蒂罗斯采用常规模式对镀银镜面进行测量时，曾经出现过 12m 的误差（Stiros，2007）。

（4）在不同时间对同样的反射物进行的重复测量结果表明，距离测量结果的重复性很好。

（5）只有当反射面与厂家在说明书中标称的反射面（通常为柯达灰色平板）接近时，仪器的实测精度才能够满足厂家的标称值。在实际工作场地，由于实际的反射面与柯达灰色平板相差太远，这将带来几厘米的测距误差。

3　点云数据结构特征及分类

3.1　三维激光测量点云数据结构

　　传统的三维数据采集技术主要有逐点采集和面采集方式。逐点采集方法如使用水准仪、经纬仪、全站仪、GNSS（Global Navigation Satellite System）测量，采集的数据为单点采集，最后应用离散点连接三维空间模型；面采集方式主要有摄影测量、遥感测量等，此类测量方法采集速度较快，获得的信息量大，但后处理工作繁琐，可用于复杂物体表面数据和大规模地形数据的采集。近年来，快速发展的三维激光数字测量技术，提供了一个全自动高精度的快速立体测量方式，直接量测获得目标的空间坐标和灰度信息。

　　点云数据是三维空间建模的数据基础，而三维激光数字测量技术因其高分辨率、高精度、高效率、非接触式测量、数字化采集等优点成为点云数据采集的主要手段之一。三维激光数字测量仪是按照线方式采集数据，测量时采用逐行逐列的方式获取空间数据，测量得到的数据表现为一种矩阵形式，即由一组按照矩阵形式逐行逐列进行组织的像素构成。每个矩阵单元的值为获取的目标物表面采样点的三维坐标。由于空间坐标反映了测量点与视点之间的距离，因此测量所得的图像称为距离图像或深度图像（Range Image）。

　　三维激光数字测量仪在获取合作目标物表面每个采样点的空间坐标后，得到一个海量数据点的集合，称之为"点云"（Point Clouds），如图 3-1 所示。它的每一个像素的原始观测值是一个测距值和两个角度值。三维激光数字测量仪最终获取的是空间实体的三维坐标（x、y、z）、激光反射强度（Itensity）以及颜色信

图 3-1　带反射率的岩体表面点云

息（RGB）和目标实体丰富的影像信息，这些获取的三维数据都是以纯文本形式组织，常用的有 PTX、TXT 、XYZ 格式的点云数据和 OBJ 格式的网格数据，存储在 SD 卡中。不同的测量仪输出的点云数据格式不同，每种仪器都有自定义的格式，使用者视其具体格式进行应用，并且其各种格式之间可以相互转换。

3.2 常用点云数据格式

3.2.1 PTX 文件

ASCII 格式文件是仪器普遍采用的一种数据格式，它包括 PTX、XYZ、PTS、TXT 等文件格式。ASCII 类型文件一般分两部分，第一部分是头文件，用于说明文件的辅助信息；第二部分是记录点的三维坐标和反射率等值。PTX 格式尤其适用于交换测量点及其对应坐标转换，所有值都是以 ASCII 给出的，单位都采用公制。图 3-2 为 PTX 文件示例（魏涛，2004）。

它是由 Cyrax2500 测量得到的数据，它的各行的具体含义为，第一行表示测量的行数，第二行表示测量的列数，即这个文件有 200 行 × 200 列个点。第三行是点的平移向量，第四行到第六行是点的旋转矩阵（3×3），第七行到第十行是点的全局变换矩阵（4×4），它是平移变换和旋转变换两个变换的乘积的变换矩阵，第十一行开始是点的（x、y、z）坐标和点

```
200
200
000
100
010
001
1000
0100
0010
0001
0000
0000
0000
0000
0000
0000
```

图 3-2 PTX 文件示例

的反射率。由于 Cyrax2500 是采用雷达测距原理，当一束测量激光没有碰到物体而散射到空中或遇到反射率极低的点时，在文件中就会用 0000 来补齐，这种点是无效的。

此外，TXT、PTS 格式也属于 ASCII 型格式，它们的结构大致相同，共同的优点是结构相同、容易读写、可被大多数仪器和软件支持。ASCII 型格式只有存储了（x、y、z）坐标和反射率这些基本信息，点的信息量不完整，如图像信息没能记录，不利于数据的应用和信息的提取。

3.2.2 PTC 文件

PTC 文件是一种二进制的点云格式，大部分仪器可以直接导出 PTC 文件，文件不仅保存了三维坐标信息，还存储了高分辨率的数据对应图像的像素信息，同时比 ASCII 格式存储更简洁。这保证点云数据在 AutoCAD 中的导入、显示和绘制都很高效。缺点是，数据的导出将先收集所有测量点，然后开始写入文件，所以内存需求可能会很大。

此外，还有 DXF 格式，这是一种描述 AutoCAD 数据的 ASCII 格式文件。测量数据保存为 DXF 文件可直接在 AutoCAD 中显示和建模。LandXML 文件是一种包括空间拓扑信息的文件，适用于保存具有地理信息、交通和空间建筑等信息的数据。

PCD 不是第一个支持 3D 点云数据的文件类型，尤其是计算机图形学和计算几何领域，已经创建了很多格式来描述任意多边形和激光测量仪获取的点云。包括下面几种文件格式：

（1）PLY 是一种多边形文件格式，由 Stanford 大学的 Turk 等人设计开发；

（2）STL 是 3D Systems 公司创建的模型文件格式，主要应用于 CAD、CAM 领域；

（3）OBJ 是从几何学上定义的文件格式，首先由 Wavefront Technologies 开发；

（4）X3D 是符合 ISO 标准的基于 XML 的文件格式，表示 3D 计算机图形数据；

（5）其他许多数据格式。

以上所有的文件格式都有一定的缺点，这是自然的，因为它们是在不同时间为了不同的使用目的所创建的，那时今天的新的传感器技术和算法都还没有发明出来。

3.2.3　PCD 文件

每一个 PCD 文件包含一个文件头，它确定和声明文件中存储的点云数据的某种特性。PCD 文件头必须用 ASCII 码来编码。PCD 文件中指定的每一个文件头字段以及 ASCII 点数据都用一个新行（\n）分开了，从 0.7 版本开始，PCD 文件头包含下面的字段：

（1）VERSION：指定 PCD 文件版本。

（2）FIELDS：指定一个点可以有的每一个维度和字段的名字。例如：

FIELDS *x y z*	# *XYZ* data
FIELDS *x y z* rgb	# *XYZ* + colors
FIELDS *x y z* normal_ xnormal_ ynormal_z	# *XYZ* + surface normal
FIELDS *j*1 *j*2 *j*3	# moment invariants
…	

（3）SIZE：用字节数指定每一个维度的大小。例如：

unsigned char/char?	has 1 byte
unsigned short/short?	has 2 byte
unsigned int/int/float?	has 4 byte

（4）TYPE：用每一个字符指定每一个维度的类型。现在被接受的类型有：

I：表示有符号的类型 int8（char）、int16（short）和 int32（int）；

U：表示无符号的类型 uint8（unsigned char）、uint16（unsigned short）和 uint32（unsigned int）；

F：表示浮点类型。

（5）COUNT：指定每一个维度包含的元素数目。例如，x 这个数据通常有一个元素，但是像 VFH 这样的特征描述子就有 308 个。实际上这是在给每一点引入 n 维直方图描述符的方法，把它们当做单个的连续存储块。默认情况下，如果没有 COUNT，所有维度的数目被设置成 1。

（6）WIDTH：用点的数量表示点云数据集的密度。根据是有序点云还是无序点云，WIDTH 有两层解释：

1）它能确定无序数据集的点云中点的个数（和下面的 POINTS 一样）。

2）它能确定有序点云数据集的宽度（一行中点的数目）。

注意：有序点云数据集，意味着点云是类似于图像（或者矩阵）结构，数据分为行和列。这种点云的实例包括立体摄像机和时间飞行摄像机生成的数据。有序数据集的优势在于，预先了解相邻点（和像素点类似）的关系，邻域操作更加高效，这样就加速了计算并降低了 PCL 中某些算法的成本。

例如：

WIDTH 640   #每行有 640 个点

（7）HEIGHT：用点的数目表示点云数据集的高度。类似于 WIDTH，HEIGHT 也有两层解释：

1）它表示有序点云数据集的高度（行的总数）；

2）对于无序数据集它被设置成 1（被用来检查一个数据集是有序还是无序）。

①有序点云例子：

WIDTH 640   #像图像一样的有序结构，有 640 行和 480 列

HEIGHT 480   #像这样数据集中共有 640×480＝307200 个点

②无序点云例子：

WIDTH 307200

HEIGHT 1   #有 307200 个点的无序点云数据集

（8）VIEWPOINT：指定数据集中点云的获取视点。VIEWPOINT 有可能在不同坐标系之间转换的时候应用，在辅助获取其他特征时也比较有用，例如曲面法线，在判断方向一致性时，需要知道视点的方位。

视点信息被指定为平移（$t_x t_y t_z$）＋四元数（$q_w q_x q_y q_z$）。默认值是：

VIEWPOINT 0 0 0 1 0 0 0

（9）POINTS：指定点云中点的总数。从 0.7 版本开始该字段就有点多余了，因此可能在将来的版本中将它移除。例如：

POINTS 307200　　　　#点云中点的总数为 307200

（10）DATA：指定存储点云数据的数据类型。从 0.7 版本开始支持两种数据类型：ACII 码和二进制。

注意：文件头最后一行（DATA）的下一节字节就被看成是点云的数据部分了，它会被解释为点云数据。

警告：PCD 文件的文件头部分必须以上面的顺序精确指定，也就是如下顺序：

VERSION、FIELDS、SIZE、TYPE、COUNT、WIDTH、HEIGHT、VIEW-POINT、POINTS、DATA 之间用换行隔开。

3.2.3.1　PCD 数据存储类型

在 0.7 版本中，PCD 文件格式用两种模式存储数据：

如果以 SACII 形式，每一点占据一行：

p_ 1

p_ 2

…

p_ n

注意：从 PCL1.0.1 版本开始，用字符串"nan"表示 NaN，此字符表示该点的值不存在非法等。

如果以二进制形式数据是数组（向量）pcl：：Point Cloud. points 的一份完整拷贝，在 Linux 系统上，用 mmap/munmap 操作来尽可能快地读写数据，存储点云数据可以用简单的 SACII 形式，每点占据一行，用空格键或 Tab 键分开，没有其他任何字符。也可以用二进制存储格式，它既简单又快速，当然这依赖于用户应用。ASCII 格式允许用户打开点云文件，使用例如 gunplot 这样的标准软件工具更改点云文件数据，或者用 sed、awk 等工具来对它们进行操作。

3.2.3.2　PCD 点云格式相对其他文件格式的优势

用 PCD 作为（另一种）文件格式可能被看成是没有必要的一项工作。但实际中，上面提到的文件格式无一能提高 PCD 文件的适用性和速度。PCD 文件格式包括以下几个明显的优势：

（1）存储和处理有序点云数据集的能力——这一点对于实时应用，例如增强现实、机器人学等领域十分重要；

（2）二进制 mmap/munmap 数据类型是把数据下载和存储到磁盘上最快的方法；

（3）存储不同的数据类型（支持所有的基本类型：char，short，int，float，

double）：使得点云数据在存储和处理过程中适应性强并且高效，其中无效的点的通常存储为 NaN 类型；

（4）特征描述子的 n 维直方图：对于 3D 识别和计算机视觉应用十分重要。

另一个优势是通过控制文件格式，能够最大程度地适应 PCL，通过转换函数会引起额外的延时。

注意：尽管 PCD（点云数据）是 PCL 中内部文件格式，pcl_ I/O 库也提供在前面提到的所有其他文件格式中保存和加载数据。

例：下面是 PCD 文件的一个片段。把它留给读者以解析这些数据，看看它的组成。

```
# . PCD v. 7- Point Cloud Data file format
VERSION . 7
FIELDS x y z rgb
SIZE 4 4 4 4
TYPE F FFF
COUT 1 1 1 1
WIDTH 213
HEIGHT 1
VIEWPOINT 0 0 0 1 0 0 0
POINTS 213
DATAASCII
0. 93773    0. 33763    0    4. 2108e + 06
0. 90805    0. 35641    0    4. 2108e + 06
```

3.2.4　DXF 文件

DXF 是一种开放的矢量数据格式，可以分为两类：ASCII 格式和二进制格式；ASCII 具有可读性好的特点，但占有空间较大；二进制格式则占有空间小、读取速度快。由于 AutoCAD 现在是最流行的 CAD 绘图系统，DXF 也被广泛使用，成为绘图文件交换的标准。绝大多数 CAD 系统都能导入或输出 DXF 文件。

3.2.4.1　DXF 文件构成

DXF 文件是由很多的代码和值组成的数据对组成，此处的代码称为组码（group code），指定其后的值的类型和用途。每个组码和值必须为单独的一行。

DXF 文件被组织成为多个"段"（section），每个段以组码"0"和字符串"SECTION"开头，紧接着是组码"2"和表示段名的字符串（如 HEADER）。段的中间，可以使用组码和值定义段中的元素。段的结尾使用组码"0"和字符串"ENDSEC"来定义。

　　DXF—Drawing Exchange File（图形交换文件），是一种 ASCII 文本文件，它包含对应的 DWG 文件的全部信息，不是 ASCII 码形式，可读性差，但用它形成图形速度快。不同类型的计算机（如 PC 及其兼容机与 SUN 工作站具体不同的 CPU 用总线）哪怕是用同一版本的文件，其 DWG 文件也是不可交换的。为了克服这一缺点，AutoCAD 提供了 DXF 类型文件，其内部为 ASCII 码，这样不同类型的计算机可通过交换 DXF 文件来达到交换图形的目的，由于 DXF 文件可读性好，用户可方便地对它进行编程、修改，达到从外部图形进行编辑、修改的目的。

3.2.4.2　DXF 文件结构

　　ASCII 格式的 DXF 可以用文本编辑器进行查看。DXF 文件的基本组成如下所示：

　　（1）HEADER 部分：图的总体信息。每个参数都有一个变量名和相应的值。

　　（2）CLASSES 部分：包括应用程序定义的类的信息，这些实例将显示在 BLOCKS、ENTITIES 以及 OBJECTS 部分。通常不包括充分用于与其他应用程序交互的信息。

　　（3）TABLES 部分：这部分包括命名条目的定义。例如：

Application ID（APPID）表

Block Recod（BLOCK_ RECORD）表

Dimension Style（DIMSTYPE）表

Layer（LAYER）表

Linetype（LTYPE）表

Text style（STYLE）表

User Coordinate System（UCS）表

View（VIEW）表

Viewport configuration（VPORT）表

　　（4）BLOCKS 部分：这部分包括 Block Definition 实体用于定义每个 Block 的组成。

　　（5）ENTITIES 部分：这部分是绘图实体，包括 Block References 在内。

　　（6）OBJECTS 部分：包括非图形对象的数据，供 AutoLISP 以及 ObjectARX 应用程序所使用。

　　（7）THUMBNAILIMAGE 部分：包括 DXF 文件的预览图。

　　（8）END OF FILE。

3.2.4.3　实体部分编辑

　　该部分内容包含了所绘制图形的所有数据。

　　例如：

```
0
SECTION
2
ENTITIES
0
POINT
5
1F4
330
1F
100
AcDbEntity
8
0
100
AcDbPoint
10
2037. 122594595849
20
1350. 420381526047
30
0. 0
0
POINT
5
1F5
330
1F
100
AcDbEntity
8
0
100
AcDbPoint
10
```

2380.142546262003

20

1073.643842196733

30

0.0

0

3.2.5　PLY 文件

PLY 是 Animator Pro 创建的一种图形文件格式，其中包含用来描述多边形的一系列点的信息。

典型的 PLY 文件结构：头部、顶点列表、面片列表、其他元素列表。

头部是一系列以回车结尾的文本行，用来描述文件的剩余部分。头部包含一个对每个元素类型的描述，包括元素名（如"边"），这个元素在工程里有多少，以及一个与这个元素关联的不同属性的列表。头部还说明这个文件是二进制的或者是 ASCII 的。头部后面的是一个每个元素类型的元素列表，按照在头部中描述的顺序出现。

相同工程的二进制版本头部的唯一不同是用词"binary_ little_ endian"或者"binary_ big_ endian"替换词"ASCII"。大括号中的注释不是文件的一部分，它们是这个例子的注解。文件中的注释一般在"comment"开始的关键词定义行里。

（PLY）文件示例：

ply

format ASCII　　1.0　　｛ASCII/二进制，格式版本数｝

comment　made　by　anonymous　　｛注释关键词说明，像其他行一样｝

comment　this　file　is　a　cube

element　vertex　8　｛定义"vertex"（顶点）元素，在文件中有 8 个｝

property　float32　x　｛顶点包含浮点坐标"x"｝

property　float32　y　｛y 坐标同样是一个顶点属性｝

property　float32　z　｛z 也是坐标｝

element　face　6　｛在文件里有 6 个"face"（面片）｝

property　list　uint8　int32　vertex_ index　｛"vertex_ indices"（顶点素引）是一列整数｝

end_ header　｛划定头部结尾｝

0　　0　　0　｛顶点列表的开始｝

0.780933 − 45.9836 − 2.47675

4.75189 − 38.1508 − 4.34072

7. 16471 – 35. 9699 – 3. 60734

9. 12254 – 46. 1688 – 8. 60547

15. 4418 – 46. 1823 – 9. 14635

3.3   点云数据结构特征

三维激光测量系统快速测量目标体得到的点云，通常以纯文本形式组织，具有以下特征：

（1）海量性：点云数据往往成百上千万，甚至达到数亿个。

（2）立体化：点云数据包含了物体表面每个采样点的三维空间坐标，记录地信息全面，因而可以测定目标物表面立体信息。

（3）离散性：点与点之间相互独立，没有任何拓扑关系，不能表征目标体表面的连接关系。

（4）高分辨率：对测量目标体设置测量间距进行高密度的三维数据采集，采样点密集。

丰富性：包含空间实体的三维坐标（x、y、z）、激光反射强度（Intensity），结合数码相机还能得到点云的颜色信息（RGB）。

带有目标物光学特征信息：三维激光测量系统可以接收目标物反射信息的强度，形成不同颜色的点，因此三维激光数字测量仪获得的点数据具有反强度信息，即反射率。有些三维激光数字测量仪通过内置或外部数码相机可以获得点云数据的色彩信息。

这些特点大大扩大了三维激光点云数据的应用范围以及用途，但是也使得点云数据的处理变得困难与复杂。

3.4   点云数据结构分类

在对点云数据处理之前要充分考虑到点云数据的排列规则，不同的排列方式，要对应不同的滤波方法，按照分布特征点云数据可分为以下几类：

（1）测量线式点云数据。数据通过各组的测量线形成，而且这些测量线是位于测量平面内的，包括 CMM、线结构光测量得到的数据和激光点三角测量系统沿直线测量的数据，如图 3-3（a）所示。

（2）阵列式点云数据。数据点成标准的阵列排序，主要是将测量的点云通过格网化内插的方式来获得这种数据的点云，如图 3-3（b）所示。

（3）三角化点云数据。呈三角网排列的数据，属于有序数据，主要为工业CT、层切法、莫尔等高线测量法、磁共振成像等系统测量所得到的点云数据，如图 3-3（c）所示。

（4）散乱点云数据。就是排列完全没有组织，没有规律，散乱排列的点云。

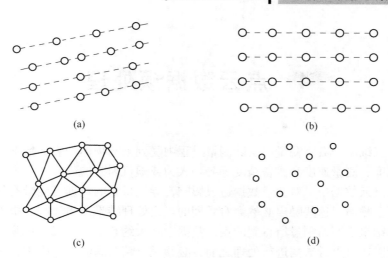

图 3-3　点云数据的排序方式

包括随机测量，三维激光数字测量仪测量获取的点云数据，如图 3-3（d）所示。

第一种属于部分有序点云，第二种、第三种属于有序点云，第四种属于离散点云。

4   点云数据预处理

由于三维激光数字测量仪实际测量过程中受到被测物体的表面情况、操作者的熟练程度、测量速度和设备精度等各种人为或随机因素的影响，噪声点难以避免地混入点云数据中，对测量数据造成影响，导致得到的数据可能带有很多离群点和小振幅噪声，这些噪声必然会对后期的点云处理结果产生影响。根据以往经验及统计结果表明，测量所得到的点云数据中，大约有0.1%～5%的噪声点需要剔除，所以在对点云数据进行处理之前，必须进行精简滤波去除噪声，进而提高点云数据的信噪比，为后期的三维曲面重构和岩体结构面识别提供高质量的点云数据，并提高数据处理的效率。

4.1   点云噪声

4.1.1   点云数据噪声来源

任何一项测量技术的数据采集过程中，都不可避免获取一些不需要的错误冗余信息，三维激光测量技术也一样，在获取点云数据的过程中不可避免的会采集到一些后期处理不需要的点，称之为噪声。噪声一般被看作为点云数据中的坏点、毛糙点，其表现形式单一，但产生噪声的原因却可能很多。

随着三维激光数字测量硬件精度的提升，原始扫描数据能够较好逼近物理模型的曲面形态。由于巷道、采场以及采空区的实际情况不同，例如采场里有铲运机，巷道里有支架等，导致扫描点云中不可避免地包含一些非目标数据。解决这一问题需设计能够高效并灵活指定大规模点云中待删除区域的选择算法，因此删减处理点云噪声始终是不可或缺的关键步骤。

噪声的来源按照主客观因素归纳起来可以分为两类：

（1）客观因素：可分为测量合作目标表面误差引起的噪声、系统误差引起的噪声。

测量合作目标表面误差如目标表面粗糙度、表面的缺陷，目标的材质、表面纹理、漫反射率及遮挡物的影响都会产生噪声。当表面粗糙度较低、反射光强时，就会产生较大的误差。比如当测量透明的玻璃时，玻璃会使激光束发生较强的镜面反射，从而产生误差，引起噪声。

本书把采集岩体表面的点云数据看作是需要获取的数据，其他的遮挡物点云当作噪声。

　　系统误差如三维激光测量设备的精度、设备自身存在的缺陷、激光散斑、采样误差及系统的电噪声、热噪声等硬件原因都会引起不同程度的噪声。

　　（2）主观因素：主要为测量人员人为引起的噪声。外业作业人员操作不当，在测量的过程当中因为某些偶然因素如人员走动引起外界环境的变化，将原本不属于目标的数据测量到目标的点云数据中。

4.1.2　常用的点云去噪算法

　　对于有序或者部分有序的点云来说，可以采用的去噪算法有很多，如维纳滤波、最小二乘滤波和卡尔曼滤波；或者是孤立点排异法、邻域平均法；也可采用局部算子对其进行局部滤波处理。目前对于散乱点云的去噪算法研究不多。

　　对于有序或散乱点云，目前广泛应用的有平滑滤波算法。数据平滑滤波算法通常有标准高斯、平均或中值滤波算法三种。

　　对于如图4-1（a）所示的原始点云数据，采用三种算法滤波结果如下：

　　（1）高斯滤波器在指定域内的权重为高斯分布，其平均效果较小，故在滤波的同时能较好地保持原数据的形貌，如图4-1（b）所示；

　　（2）平均滤波器采样点的值取滤波窗口内各数据点的统计平均值，滤波效果较为平均，如图4-1（c）所示；

　　（3）中值滤波器采样点的值取滤波窗口内各数据点的统计中值，这种滤波器消除数据毛刺的效果较好，如图4-1（d）所示。

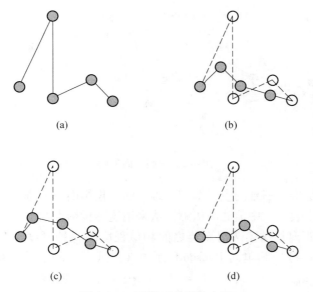

图4-1　三种常用的滤波方法

（a）原始数据；（b）高斯滤波效果；（c）平均滤波效果；（d）中值滤波效果

实际使用时，可根据点云质量和后续建模要求灵活选择滤波算法。

4.1.3 离群点移除

三维激光数字测量通常会产生密度不均匀的点云数据集，出现稀疏的离群点。进行估计局部点云特征（例如：采样点处法向量或曲率变化率）等复杂的运算时，离群点会导致错误的数值，使点云配准等后期处理失败，因此需要对离群点进行移除。

离群点移除遵循距离准则，距离准则主要有欧氏距离、弦高距离、投影距离和 Hausdorff 距离。

为了提高计算效率，一般计算点集中某点 p_i 的相邻点到它的空间距离，即欧氏距离，如式（4-1）所示。先计算两点间的欧氏距离，然后与设定阈值比较，再判断相邻点是否保留。

$$d = \sqrt{(x_1 - x_2)^2 + (y_1 - y_2)^2 + (z_1 - z_2)^2} \tag{4-1}$$

弦高距离即点到直线的距离，同一扫描线上相邻三点，中间点到另两点连线的弦高（如图4-2所示），见式（4-2）。

$$d_i = |\overrightarrow{p_i p_{i+1}}| \sin\alpha_i \tag{4-2}$$

其中，α_i 计算方法见式（4-3）。弦高准则适用于扫描线式点云。

$$\alpha_i = \arccos \frac{\overrightarrow{p_i p_{i+1}} \cdot \overrightarrow{p_i p_{i+2}}}{|\overrightarrow{p_i p_{i+1}}| |\overrightarrow{p_i p_{i+2}}|} \tag{4-3}$$

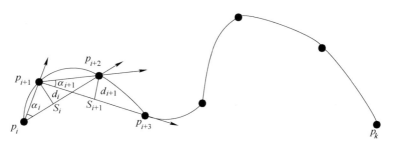

图4-2 弦高距离准则

投影距离是指将三维的点投影到二维平面，投影面一般垂直扫描方向，一般只在邻域点集中表示。中值滤波压缩算法采用这种投影准则。

Hausdorff 距离是描述两组点集之间相似程度的一种量度，有双向 Hausdorff 距离（见式（4-4））和单向 Hausdorff 距离（见式（4-5）、式（4-6））。假设有两组集合 $A = \{a_1, a_2, \cdots, a_m\}$，$B = \{b_1, b_2, \cdots, b_m\}$，则这两个点集之间的 Hausdorff 距离定义为：

$$H(A, B) = \max[h(A, B), h(B, A)] \tag{4-4}$$

$$h(A,B) = \max_{a \in A} \min_{b \in B} P a - b P \tag{4-5}$$

$$h(B,A) = \max_{b \in B} \min_{a \in A} P b - a P \tag{4-6}$$

本书选用欧式距离，基本思想是对每个点的相邻点进行一个统计分析，并修剪那些不符合一定标准的点。对输入数据中的每个点，我们计算它到它的所有邻近点的平均距离，分析点到邻近点的距离分布。假设得到的结果是一个高斯分布，其形状由均值和标准差决定，则平均距离在标准范围（由全局距离平均值和方差定义）之外的点，可被定义为离群点并从数据集中去除掉。

4.2　点云精简

三维激光测量技术是获取空间数据的有效手段，但采集的数据量庞大，给后续处理及存储、显示与传输、应用与管理等方面带来很大不便。因此，首先对点云进行精简滤波，去除后期处理用不到的冗余无效数据。

书中采用的三维激光测量数据属于散乱点云数据，随着三维激光技术的广泛应用，目前许多学者开始致力于散乱点云数据的精简滤波的研究，虽不尽成熟但也有一定的效果。

4.2.1　点云精简方法

为了达到精简点云的目的，许多点云精简算法得到发展，其点云精简主要有四种类型：测量线式点云数据、阵列式点云数据、三角网格式点云数据和散乱式点云数据。不同类型的点云数据可采取不同的精简方式，以下是各种类型点云常见的几种精简方法：

（1）测量线式点云数据，可以采用均匀弦长重采样，曲率累加值重采样，弦高差重采样等方法；

（2）阵列式点云数据，可以采用等间距缩减、倍率缩减、等量缩减、弦高差等方法，其中一部分方法对测量线式点云也是适用的；

（3）三角网格式点云数据，可以采用等分布密度法、最小包围区域法等方法；

（4）散乱式点云数据，可以采用包围盒法、均匀网格法、随机采样、曲率采样、聚类法、迭代法、粒子仿真、保留边界法等方法。

4.2.2　常用的散乱点云精简方法

由于井下测量产生的多为散乱点云数据，本书主要针对散乱式点云进行详细介绍。由于常用的散乱点云精简方法有：包围盒法、均匀网格法、三角网格法、随机采样、曲率采样、聚类法、迭代法、粒子仿真、带边界压缩法等方法。下面将分别对它们进行简单的介绍和比较，其中随机采样法和曲率采样法和本章提出的算法有关。

4.2.2.1 包围盒法

包围盒算法是采用体包围盒来约束点云，然后将大包围盒分解成若干个均匀大小的小包围盒，在每个包围盒中选取最靠近包围盒中心的点来代替整个包围盒中的点。该方法获得的点云数据等于包围盒的个数，对于均匀的点云能够取得一定效果。

包围盒法优点是简单而且高效，易于实现，从总体上精简了点云数量，实现了点云的均匀精简。但是由于包围盒的大小是由用户任意规定的，因此无法保证所构建的模型与原始点云数据之间的精度，在点云数据密集处容易丢失细节。通过使用局部曲面插值可以自动确定包围盒的大小，改善这种方法，但不足的是这种方法只能应用于简单的曲面数据且效率比较低。

4.2.2.2 均匀网格法

均匀网格法是从包围盒法扩展而来，采用图像处理过程中广泛采用的中值滤波的方法，首先建立一种均匀网格，然后将这些输入数据分配到相应的网格中。在分配到同一个给定网格的所有点中，选择一个中值点来表示所有属于这个单元格的点。

均匀网格法的基本思想是：首先建立一个长方体包围盒封装数据点。其两两垂直的 3 条边分别与笛卡儿坐标系的 3 个坐标轴平行。根据测点的数量和分布沿坐标轴方向将其划分为边长为 L 的立方栅格（L 取决于用户设定的简化率），以便计算各点所在的立方栅格。将任一栅格内的点组成一个表，其中可能包含一个或多个数据点，也可能不合数据点。选择栅格中的一个中值点作为取样点，以达到简化数据的目的。

这种方法克服了均值和样条曲线的限制。但是由于使用均匀大小的网格，对捕捉物体的形状不够灵敏，并且对于分布较为集中的点云，容易产生大量空栅格，造成时间和空间的浪费。

4.2.2.3 聚类法

聚类法（Clustering）是把点云划分成一些小的点云（子集），再对子集采用简单的方法进行精简。其基本思想是分治法，主要有两种划分思想：体（包围盒）的划分和面的划分，体的划分没有考虑到点云的采样密度，但是能较好的合并多个不同的包围盒，而面的划分则相反。

根据不同的划分思想，可以得到两种不同的聚类方法：

（1）自下而上的区域增长法，这是按照面划分的聚类法。基本算法是从一个点 P 开始，聚类 C 不断的合并点 P 相邻的点直至条件满足，一个聚类就生成了。

（2）自顶而下的数据分裂法，这是一个层次聚类的过程，是按照体划分的聚类法。基本算法是从点云的包围盒开始，不断二分划分，直至每个小包围盒中的点数在某一范围内为止。对于无组织的输入点云，这种方法更为有效。

在点云的坐标系内，建立三维立方体单元格栅，每个单元内所有的点用该单元内的点集的重心来近似，这样就消除了单元内的冗余点，并且可以大大减少点云的数据量。如图4-3所示，点云集合 P_1、P_2、P_3，在坐标系内构建以 h 为宽度的正方形格栅，形成体元1、体元2、体元3、体元4，落在体元1内只有 P_3 点，那么该单元的重心和 P_3 重合，单元1内点云的点集用 P_3 来近似；单元2、单元4内点集为空，该体元内的近似点仍为空；落在单元3内有 $P_1(x_1,y_1)$ 和 $P_2(x_2,y_2)$，则单元3的重心为 $O_3((x_1+x_2)/2,(y_1+y_2)/2)$，在点云中删除 P_1,P_2，以 O 近似代表单元3内的点云集合。可以看出，通过选择适当的 h 值，可以有效地去除冗余点，并且可以大大减少点云的数据量。

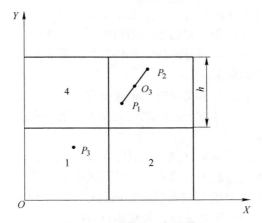

图4-3 点云数据抽稀示意图

聚类法是一种相对快速的算法，对内存的利用率较高，但对精度和简度稍有欠缺。

4.2.2.4　迭代法

迭代法（Iterative Simplification）是不断精简点云直至点云的精简结果与原来点云相计算后的误差在一定限度内。它非常类似于渐近网格简化方法。

在网格的简化中，起先是每个网格顶点都分配一个误差，然后从小到大排列，最小的顶点最易被简化。简化后重新计算每个顶点的误差，再去除顶点直至误差在可允许的范围内。这种点迭代去除方法导致采样后的点云只是原来点云的一个子集，效果不佳。因此后来采用点对（即边）的压缩来替代点的去除。

点的误差计算是根据点及其相邻边所在的另一个端点计算一个实对称矩阵 Q_v，则点对的误差则可表示为 $Q_v = Q_{v1} + Q_{v2}$。

为了在没有任何拓扑关系的点云中计算跟网格简化中相似的点的误差，可以用点的邻域来代替网格中点的相邻顶点，即可在点云上应用迭代算法。

迭代法能保证较好的误差精度，但随着迭代次数的增加，可能花费非常多附时间。

4.2.2.5 粒子仿真

粒子仿真（Particle Simulation）是 Turk 引入的一种用于重采样多边形面的方法。该方法可根据曲率等属性的变化，来自适应重采样密度。因此很容易应用于点云的精简。粒子仿真采样后的点被严格的限制在多边形的面内，从而来保证采样后的精度，因此采样的精度与多边形面的面积相关。同时 Turk 也采用曲率估计的方法使采样密度随着曲率的变化而变化。采样后的点重新三角化后，就可以达到采样多边形面的效果。

显而易见，上述方法同样适用于点云重采样。对于点云数据来说，多边形面可以用点与它的邻域来代替，多边形面的面积则对应于点云邻域内的点密度。

粒子仿真的优点在于能很好的控制采样结果，但相对来说，速度较慢。

4.2.2.6 保留边界法

有边界特征的点云在数据精简时，很容易发生边界的丧失，使后续的建模发生困难。保留边界法与上述方法不同之处就在于它能够在点云精简时保留其原始边界，保全边界特征。

保留边界法算法的基本算法是：首先，构建点云拓扑关系，求得点 P 的邻域；然后利用邻域点构造最小二乘平面，计算该平面的法矢，并用该法矢作为数据点 P 的法矢；接着将 P 的邻域点投影到该最小二乘平面上，并根据投影点的均匀性来判断该点是否为边界特征点，若是边界特征点则做好标记；最后采用常规的精简算法对点云进行精简同时把边界特征点加权保留下来。

以上检测出的边界特征点是无序的，为了后续建模的需要，有时需对无序的边界特征点进行排序得到多边线。排序的方法可采用双向最近点搜索方法，即按照数据点的最近距离从两个方向进行排序从而得到边界的多边线形式表示。

保留边界法实质上是对其他点云精简算法的一个补充，在点云含有明显边界的时候较为有用。

4.2.2.7 随机采样

随机采样是较为简单的点云精简算法，只要有一个能够产生恰好覆盖点云数据量范围的随机数的函数，就可以不断的产生随机数，把它所对应的点从点云中去除，直到点云中的点数减少到需要的个数。

随机采样最容易实现，并且也是速度最快的算法，几乎不需要额外的时间花费，但它的缺点也是显而易见的，即随机性太大，无法控制精度，同时也无法重现。当去除的数据点较多时，就会导致大量的细节遗失，使得后续建模中生成的曲面或网格与原始数据偏差较大。

曲率采样是根据点云中点的内在属性，即曲率作为标准来采样点云。由于在曲率较大的区域往往包含较多的特征，而在曲率较小的区域（如平面）上，因为可以用极少的点来表示很大的面积，所以数据冗余很多，一般可以去除。因此曲率采样的原则是：小曲率区域保留少量的点，而大曲率区域则保留足够多的点，以精确完整地表示曲面特征。

曲率采样能较准确地保持模型的曲面特征并有效减少数据点，但缺点是同样需要寻找点的邻域来计算曲率，这成为了它的速度瓶颈。并且，对于三角网格化来说，如果在曲率小的区域去掉过多数据点，也将会导致生成的网格不光顺，甚至残缺不全。

为了在海量点云精简的精度、简度和速度之间取得一个较好的平衡点，提出了一种随机采样和曲率采样相结合的混合采样算法，尽可能集合两者的优点并削弱两者的缺点。

由于海量点云具有数据致密的特点，在采样点数小于一定百分比的情况下，随机采样并不至于丢失特征，能有效减少数据量。而在曲率采样之后，如果能在曲率小的区域适当的补上一些点，能够让后续的三角网格化效果更令人满意。因此，混合采样算法的基本思想是：首先进行一定百分比内的随机采样；然后在随机采样后获得的点云中执行曲率采样；最后，从被曲率采样去除的点中随机补上一小部分点以适应三角网格化的需求。

算法流程说明如下：

（1）读入点云，并获得用户指定的采样百分比；

（2）判断该百分比是否小于设定值（如10%），若是则只进行指定百分比的随机采样并直接跳到步骤（6），否则进行设定值的随机采样并执行下一步；

（3）对随机采样后的点云进行剩余的曲率采样（指定百分比设定值），把应去除的点做上删除标记；

（4）对做了删除标记的点进行随机采样，取一小部分点，去除删除标记；

（5）把还有删除标记的点从点云中删除；

（6）输出采样后点云，结束。

本书主要针对散乱式点云数据的精简算法（如图4-4所示）。

4.2.3　点云精简算法评价

衡量一个点云精简算法的成功度，并不是保留原有信息越多越好，也不是速度越快越好，更不是精简后数据点数越少越好，而是应该能够用最少的点数表示最多的信息并在此基础上追求更快的速度。

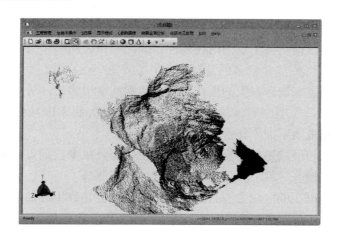

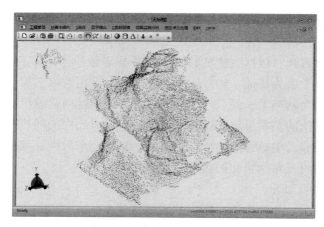

图4-4　散乱点云数据示例

因此，点云精简算法的效果可以从以下三个方面来度量：

（1）精度，即精简后点云数据拟合成的面与真实曲面之间的误差要小。必须保证误差值在一个可以接受的范围内，并且应该尽可能的保留原始点云的特征。

（2）简度，即精简后的点云中的数据点数要少。精简的目的就是减少点云中的数据点数，所以应该在保证精度的基础上尽可能地减少数据点数。需注意的是有时数据点数太少了也会给后续建模（例如三角网格化）带来困难，因此应根据实际需要选择合适的简化度。

（3）速度，即精简过程中花费的时间要短。一个再优秀的算法，如果花费的时间过多，都是无法应用于实践当中的。因此，在保证精度和简度的前提下应追求更快的速度。

实际上，要同时实现这三个目标非常困难，很多算法往往只能达到某一个或者两个要求，对于海量点云来说更是如此。本章采用了随机采样和曲率采样相结合的混合采样法，对于海量点云精简的精度、简度和速度具有较好的综合表现，能够适应实际应用的要求。

4.3 点云滤波

目前主要滤波方法有：双边滤波法、拉普拉斯（Laplace）滤波法、二次 Lapalce 算法、平均曲率流算法、领域滤波法。按照对散乱点云的处理过程，滤波方法可以分为两种类型：一种是直接对散乱的点云数据进行滤波，另一种是对散乱点云数据先进行格网化，然后再对格网化以后的数据进行滤波。本书采用的滤波方法为第一种，直接对点云数据进行精简滤波。

4.3.1 数学形态学滤波算法

数学形态学滤波算法最早是由德国斯图加特大学的 Lindenberger 在 1993 年提出来，主要采用一个水平结构元素对点云数据进行形态学开运算处理，并利用自回归算法对开运算结果进行优化。该算法要求事先对离散的 LIDAR 点云数据进行内插重采样，完成数据规则化排列，但这将导致丢失采集的部分细节信息，并且降低数据的精度，该方法面临最大的挑战是如何在剔除地物信息的同时较完整地保留地面信息。后来 Kilian 等人利用数学形态学滤波算法，借助一个移动窗实现了点云数据的滤波，在这个移动窗内最低的点被认为是地面点，高程值高出该点定范围的其他点被认为是地物点，并结合移动窗的尺寸大小给予一定的权值，利用不同尺寸大小的窗对数据重复进行开运算，最后综合考虑各点的权值内插出 DEM。

数学形态学滤波算法能否成功的关键，在于窗口大小的选择和测量区域内岩体分布情况，这就需要对测区的地形和地物分布的大致情况具有一定的先验知识，才能设计较好的尺寸，得到较好的滤波效果。

4.3.2 移动窗口滤波算法

移动窗口滤波算法首先是设置一个较大的窗口，找到窗口内点云数据的最低点，如果窗内其余的点到最低点的高差小于阈值，则这些点被划分为地面点。接着移动窗遍历整个测量区域，得到一个粗略的地形模型，之后缩小窗口，重复上述操作。在这个过程中，根据窗口的大小给各窗口的结果数据赋予不同的权值，最后将所有的结果进行加权平均，将小于阈值的点判定为地面点，得到最终的 DEM。

移动窗口滤波算法的滤波效果与窗口的大小、窗口定权、阈值选择等参数有直接关系。通过指定一个阈值 K 和搜索半径 R，如果一个点在给定的搜索半径 R

内临近的点数量小于给定的阈值 K，则判定为离群孤立的点，从点云中把这些点删除。如图 4-5 所示，点云集合 P_1，P_2，P_3，对于给定点 P_1，以 P_1 为圆心，以给定的半径 R 做圆，落在圆内有 P_2、P_3 两点，如果阈值 K 为 3，则判定 P_1 为孤立点，如果 K 为 2，则 P_1 不为孤立点。

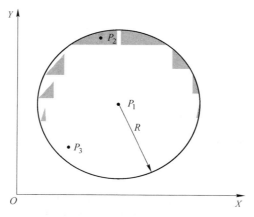

图 4-5   点云数据孤立点过滤示意图

4.3.3   基于逐步加密 TIN 的滤波算法

基于逐步加密 TIN 的滤波算法是一个反复迭代的过程，其基本原理是：首先利用获取的种子点生成一个粗糙的岩体表面（TIN）形态，然后不断地加入候选点，利用相应的判断法对这些候选点进行判断。如果是岩体表面形态点，则将这些岩体表面形态点加入到岩体表面形态点表面（TIN）中，丰富岩体表面形态点的信息，以这种方式不断迭代，最终达到生成真实 DEM 模型。Axelsson 假设在局部的小区域内地面是平坦的，先选择局部区域内的最低点作为种子点组成一个粗糙的模型。然后对候选点进行判断，如果候选点到 TIN 的垂直距离以及角度小于设定的阈值，则将该点划分到地面点集中，重复这样的操作直到没有新地面点为止。该算法中还加入镜射点（mirror point）的判断搜索断线处的点位。Sohn 根据提取 4 个地面点组成的 TIN 形成一个四面体，以最小描述长度（minimum description length，MDL）判断地面点，重复进行地面点的向下加密及向上加密的操作。该算法的关键是阈值的选择，不同的阈值会产生不同的滤波结果。

4.3.4   基于坡度变化的滤波算法

基于坡度变化的滤波算法类似于数学形态学方法中的腐蚀运算，该算法根据地形的坡度变化来确定一个最优的滤波函数。为了能够较好的保留倾斜地形信息，需要适当调整滤波窗口的尺寸大小，并选择合适的筛选阈值，以保证属于地面点的激光点不被过滤掉，这些滤波参数的最优取值也应该根据地形的不同而变化。

基于坡度变化的滤波算法的基本思想是：邻近两个激光点的高程差异很大时，由地形急剧变化产生的可能性很小，那么其中一个点就很可能是地物点。也就是说，相邻两点的高差值超过一定的阈值时，两点间距离越小，高程值大的激光点属于地面点的可能性就越小。该方法是通过比较两点之间高差值的大小来判断拒绝还是接收判断的点是否为地面点。高程阈值由两点之间的高差函数来确定，高差函数为：

$$\Delta h_{max}(d) = Sd + 1.65\sqrt{2\sigma_z}, \quad d \leqslant d_{max} \tag{4-7}$$

式中　S——最大地形坡度百分数；

　　　d——两点间的水平距离；

　　　σ_z——标准偏差。

则地面点集合就可以定义为：

$$P_T = \{ P_i \in P \mid \forall \ P_k \in P : z_i - z_k \leqslant \Delta h_{max}(d_{ik}) \} \tag{4-8}$$

其中：

$$d_{ik} = \sqrt{(x_i - x_k)^2 + (y_i - y_k)^2} \tag{4-9}$$

式中　$P_k(x_k, y_k, z_k)$——地面点；

　　　$P_i(x_i, y_i, z_i)$——待判断点。

这类滤波算法不是逐渐添加地形点，而是相反的逐渐的移除非地形点。其基本思想是首先假设一个地形面包含所有的点的模型，然后通过相应的判断条件排除候选点，直至生成 DEM。

4.3.5　移动曲面滤波算法

基于离散点的移动曲面拟合法滤波算法的基本思想是：先选取一个种子区域，在种子区域内找到彼此相互靠近但却不在一条直线上的三个最低点作为初始地面点，根据这些初始地面点来拟合一个平面。然后以此平面作为基础，计算出距离该拟合面最近的点的拟合高程值。如果拟合高程值与真实高程值差超过了设定的阈值就将该点作为地物点予以滤除，如果小于阈值则将其作为地面点，重新拟合一个平面。当拟合点数达到 6 个时，保持点数不变，每新增一个地面点，就要丢掉一个最先加入的点，不断重复上述步骤。此算法的核心是阈值的选取，如果阈值选取过大，就有可能保留一些矮小地物，选取过小会使地形变得平滑。

4.3.6　迭代最小二乘滤波算法

Pfeifer 提出的迭代最小二乘滤波算法，首先将原始数据划分为小块，然后利用最小二乘法原理对块区内的所有数据点等权拟合一个趋势面。这个趋势面是介于地形与地物之间的。然后用原始数据中每一点的高程值 z 减去这点趋势面的拟合高程值 z_i' 得到每个点的拟合残差 v_i。利用拟合残差，根据定权函数确定该点在下一次曲面拟合中的权重，定权函数如式（4-10）所示：

$$
p_i = \begin{cases} 1 & v_i \leqslant g \\[2mm] \dfrac{1}{1 + a(v_i - g)^b} & g < v_i \leqslant g + w \\[2mm] 0 & g + w < v_i \end{cases} \tag{4-10}
$$

式（4-10）中，v_i 为第 i 点的拟合残差；p_i 为第 i 点的权值，参数 a，b 决定了权函数的陡峭程度，一般取值为 $a = 1$，$b = 4$。在定权函数中，引入了一个偏移值 g，如果一个点的残差小于 g，则赋予该点最大权重 1，如果残差大于 $g + w$，则赋予该点权重为 0（如图 4-6 所示）。

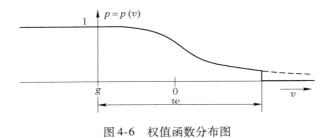

图 4-6　权值函数分布图

权函数式中 g 值是根据残差的直方图得到的，g 值的确定有三种方法：

（1）据预期的地面点精度来计算，从残差直方图的原点（残差为 0）不断向左移动，直至计算出的标准偏差 σ_T 与地面精度相同，向左移动的距离即为 g 的值（但当存在大的低点粗差时，该方法就会失效）（如图 4-7（b）所示）；（2）从残差累积曲线的原点（残差为 0）不断向左移动，计算相应的累计标准差 σ，直到 σ 到达极小值时，移动的距离即为 g 值（如图 4-7（a）所示）；（3）通过估计的地面点的比例来计算。如果初始估计地面点比例为 40%，g 值为残差直方图上第一个找到 20% 残差的地方。该算法是一个迭代的过程，每一次都重新计算 g 的值。计算得到的权重用于下一次拟合趋势面的计算。

本书采用字段截取法对指定的某一维度实行的简单过滤，去除指定范围内部（外部）的点，实现点云精简，例如设定阈值限制过滤掉点云中所有 z 字段不在某个范围内的点。如图 4-8 所示，点 p_1、p_2 的 z 值大于 0，点 p_3、p_4、p_5 的 z 值小于 0，如果设置滤波条件为 z 字段，指定范围为 $z > 0$，则保留点 p_1、p_2，点 p_3、p_4、p_5 会被删除。

点云精简滤波的最终目的是减少点云的数量，去除冗余数据。

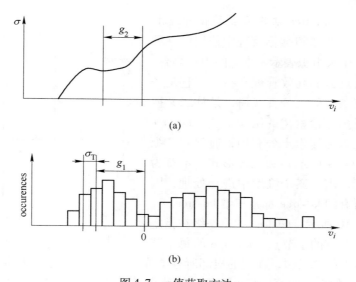

图 4-7 g 值获取方法

（a）σ-v_i 曲线图（残差累积曲线图）；（b）occurences-v_i 直方图残差方图

4.3.7   基于 kd-tree 的无序点云去噪算法

上述提到的滤波算法只适用于有序点云，而对于无序点云，由于其点与点之间的拓扑关系并没有建立，滤波算法对此无能为力。因此，只要能够建立散乱点云中点与点之间的拓扑关系，即可以进行点云去噪。

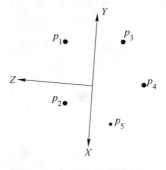

图 4-8   点云精简滤波原理

点云的拓扑关系在本书中定义 k-nearest neighbors（k 个距离的欧拉距离最近的点）邻域类型。国内外许多文章在散乱点云中寻找 k-nearest neighbors 进行了很多的研究，常见的三种方法是：

（1）八叉树法：基于八叉树的方法来分割点云，再根据包围盒与数据点空间分布的对应关系，可以建立点的拓扑关系。

（2）空间单元格法：这也是基于包围盒的划分，在三个方向上按照一定的间隔分别创建一系列平行平面，把包围盒划分为许多单元格，取各单元格中最靠近单元格中心的数据点作为中心点，代替整个测量数据，即可建立点的拓扑关系。

（3）kd-tree 法：kd-tree 方法通常用来查找距离最近的两点，它是一种便于空间中点搜索的数据结构。

下面简单介绍如何通过 kd-tree 法来建立点的拓扑关系。

4.3.7.1   kd-tree 法建立点的拓扑关系

kd-tree 是计算机数据管理中使用的一种数据结构，用来组织表示 k 维空间中点集合，能够实现对点云的高效管理和检索。它是一种带有约束条件的二分查找树，是从二叉搜索树推广至多维检索树的结构形式。kd-tree 对于区间和近邻搜索十分有用，通常有二维形式（如图 4-9 所示）和三维形式，本章为了实现目标，需在三个维度中进行处理，因此，本书所有的 kd-tree 都是三维 kd-tree。

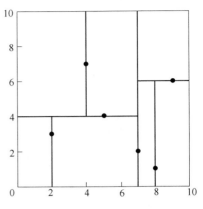

图 4-9   二维 kd-tree 拓扑关系

如图 4-10 所示，kd-tree 的每一级在指定维度上分开所有的子节点，kd-tree 的每个节点都是 k 维点的二叉树，在树的根部所有子节点是以第一个指定的维度上被分开（也就是说，如果点的第一维坐标小于根节点它将分在左边的子树中，如果大于根节点它将分在右边的子树中）。树的每一级都在下一个维度上分开，所有其他的维度用完之后就回到第一个维度。建立 kd-tree 最高效的方法是，像快速分类一样使用分割法，把每一个非叶结点都可以视作一个分割空间的超平面。从根结点开始把指定维度的值放在根上，在该维度上包含较小数值的在左子树，较大的在右子树，不断地用垂直于坐标轴的分割超平面将空间划分为两个子空间。然后分别在左边和右边的子树上不断地递归这个过程，直到准备分类的最后一个树仅仅由一个元素组成。

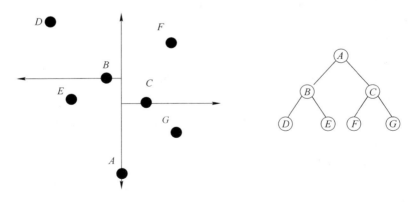

图 4-10   建立 kd-tree 拓扑关系示例

这样，点的拓扑关系就建立了，详细内容见 6.2.2 节。

4.3.7.2   基于 kd-tree 拓扑关系的噪声点去除

建立了 kd-tree 拓扑关系之后，原则上就可以通过滤波算法去除噪声点。但鉴于 kd-tree 是一种便于空间中点搜索的数据结构，用来查找 k-nearest neighbors 邻域非常方便，时间效率大约在 $O(n\lg n)$ 级，因此，本书采用邻域平均法来进行噪声点去除。

求点云中任一点的邻域可以通过 kd-tree 查询输入点的空间最近点，采用回溯算法。对于一个输入顶点 p，首先找到 p 所在的区域然后计算与 p 所相邻区域内所有点的最小距离 D_{min}。然后用这个最小距离和 p 到当前分割线的距离进行比较，如果最小距离小于等于 p 到分割线的距离则搜索结束；如果最小距离大于 p 到分割线的距离，说明有可能在上层区域距离 p 最近的点，则向上层回溯直到找到的最小距离小于 p 到当前分割线的距离。由此可以找到离 p 最近的 k 个邻近点，构成 p 的邻域。

现在，进行点云去噪就非常方便了，算法说明如下：

（1）读入散乱点云；

（2）构造 kd-tree，建立点云拓扑关系；

（3）求点云中任意一点的邻域；

（4）计算该点与邻域内各点的距离的平均值；

（5）判断平均距离是否超过设定阈值，若超过，则认为该点为噪声点，去除；

（6）重复步骤（3）~（5），直到点云中所有点都处理完毕；

（7）输出去除噪声后的点云，结束。

在实际应用中，这种算法无论是速度还是去噪效果都能达到比较令人满意的程度。

4.3.8 体素化滤波

体素化（Voxelization）是将物体的几何形式表示转换成最接近该物体的体素表示形式，产生体数据集，其不仅包含模型的表面信息，而且能描述模型的内部属性。表示模型的空间体素跟表示图像的二维像素比较相似，只不过从二维的点扩展到三维的立方体单元，而且基于体素的三维模型有诸多应用。使用体素化网格方法进行点云滤波，既降低点的数量减少点云数据，同时又保持点云的形状特征，在提高点云质量的滤波过程中非常实用。

体素化滤波遵循重心准则，重心准则一般应用于一定空间范围内的若干点，空间范围可以是多种形式，但以立方体和球体最易计算。下面以图 4-11 为例介绍重心准则。

重心准则用重心表示该区域内点的总体分布情况，有两种表示方法：一种是插入重心点代替立方体包围盒内所有点，这种方法选取的代表点不是原始数据；另一种是保留距离重心最近的点，其他点删除。图 4-11 中点 O_1 为重心，p_i 为离

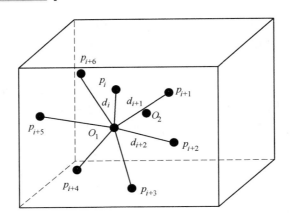

图 4-11   体素化滤波重心准则

重心距离最近的点，因此保留 O_1 或 p_i。

体素化滤波重心点的确定：

（1）计算体素区域内的所有点，找出这些点的中点位置；

（2）计算体素区域内所有点到中点的距离，并确定距离最短的点即为重心点。

具体过程如图 4-12 所示，其中 O 点为中点，d_i 为最后确定的重心点。通过式（4-11）的距离公式，计算出体素区域内的每一个点到中点的距离：

$$D = \sqrt{(x_i - x_{\text{mid}})^2 + (y_i - y_{\text{mid}})^2 + (z_i - z_{\text{mid}})^2} \qquad (4\text{-}11)$$

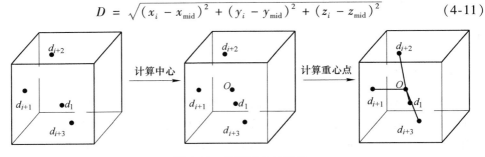

图 4-12   体素重心的确定

设立方体包围盒内有 n 个点，式（4-12）为重心计算公式。

$$O_1 = \frac{1}{n}\sum_{i=1}^{n} p_i \qquad (4\text{-}12)$$

式中 p_i ——区域内的点；

n ——区域内点的个数。

重心准则是在一定空间区域度量的，也称为格网准则，其滤波效果很大程度上取决于点云的空间划分。空间单元大，保留点少，不能反映模型的细节特征；空间单元小，保留点多，模型特征表面特征明显。因此，空间划分的确定至关重要。

体素化滤波的过程为：首先向输入的点云内插三维体素栅格（可把体素栅格想象为微小的空间三维立方体的集合），确定体素栅格大小，每个三维立方体中会包含一个或者很多个点，有的可能不包括点，但是每个点只会被一个体素栅格所包含。体素栅格划分得越细，点云滤波采样率越高，同时对于细节特征的保留越高。然后分析计算每个三维立方体的重心点，在每个体素（三维立方体）内用体素中所有点的重心来近似替代体素中的其他点，并删除体素内的其他点，这样该体素内部所有点最终就用一个重心点表示，对所有体素处理后得到过滤后的点云数据。这种方法很好地保留了细节信息，真实表征点云特征。

4.3.9 点云精简滤波算例

使用点云精简对点云去除冗余数据，过程耗时极短，点云精简前扫描点数目为 1480267 个，精简后扫描点数目为 601268 个（如图 4-13 所示）。

图 4-13　点云数据精简

点云精简后执行体素化滤波，滤波前点云数量为 601268 个，设置体素为 1cm^3，滤波后点云数量为 600579（如图 4-14 所示）。

图 4-14　点云数据体素化滤波

最后执行离群点移除，移除前点云数量为 600579 个，设置查询点邻近数为 50，标准阈值为 5cm，滤波后点云数量为 600401 个（如图 4-15 所示）。

图 4-15　点云数据离群点移除

4.4　滤波效果分析

本书采用上述精简滤波方法和 Geomagic Studio 2012 的删减去噪功能对点云数据分别进行处理，并对结果进行定性和定量对比。点云数据由自行研制的岩体三维激光数字测量系统在东北大学地下硐室采集，如图 4-16 所示。

图 4-16　现场采集图

4.4.1　定性分析

首先利用 Geomagic Studio 2012 软件的矩形选择工具和字段截取方法对点云数据进行精简，精简后的点云数据如图 4-17 和图 4-18 所示。

然后使用体素化滤波、离群点移除和 Geomagic Studio 2012 的减少噪声功能对点云数据进行滤波。滤波效果如图 4-19 所示，可以发现体素化滤波、离群点移除的滤波效果较好，而且还能很好地保留细节特征和边缘的完整性。

4.4.2　定量分析

通过对精简过滤掉的冗余点和滤波去除的噪声点数量进行统计，对书中的精

图 4-17　Geomagic 原始点云数据和精简后数据对比

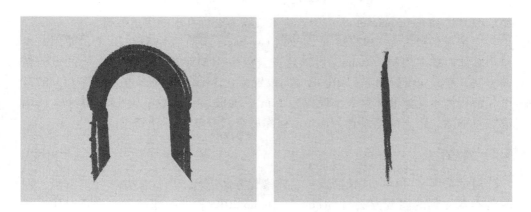

图 4-18　字段截取法原始点云数据和精简后数据对比

Geomagic　滤波

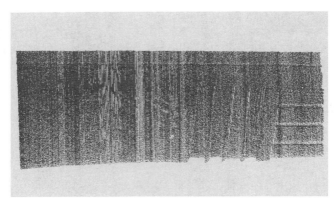

体素化滤波

图 4-19   体素化滤波和 Geomagic 滤波对比

简滤波方法和 Geomagic Studio 2012 的滤波效果进行直观的定量分析。

原始点云数量为 1397734 个，使用 Geomagic 精简后为 513872 个，使用减少噪声功能时偏差限制为 6mm，去噪后点云数量为 513872 个，使用文中的点云精简方法，X 方向设置为 $-3 \sim 0$，Y 方向设置为 $0.3 \sim 2$，精简后点云数量为 388777 个，使用体素化滤波体素大小设置为 $1cm^3$，滤波后点云数量为 131990 个，使用离群点移除，距离阈值设置为 5cm，移除后点云数量为 131845 个。

4.5   小结

通过采用字段截取法精简点云、体素化方法进行点云滤波并移除离群点，同时将本章提到的滤波方法与 Geomagic Studio 2012 软件的滤波方法进行对比，得出经本章所述的精简滤波方法处理后的点云相较于原始点云更加均匀齐整，噪声显著降低，效果相对来说更好一些。

5 点云数据三维可视化及曲面重构

点云数据特征描述与提取是点云数据信息处理中的最基础也是最关键的一部分，点云的识别、分割、重采样、配准、曲面重构等处理大部分算法，都严重依赖特征描述与特征提取结果。

5.1 点云数据结构特征描述与提取

点云数据结构特征提取是指从目标点云数据中提取有代表意义的特征点，根据这些提取的特征点，生成特征线、特征面的过程。数据分块是根据目标对象的外形曲面类型，将属于同一个子曲面类型的数据分成一组。将全部数据划分成代表不同曲面类型的数据域，在后续的曲面模型重建时，分别拟合单个曲面片，再通过曲面的相关操作，将多个曲面"缝合"成一个整体。

点云数据结构特征提取，主要针对两个方面：（1）从散乱点云直接提取特征；（2）从点云网格中提取点云数据结构特征。近年来，国内外学者在点云特征提取及特征线拟合方面的研究较为活跃，传统的特征提取方法是在点云的网格化之后进行，通过分析组成网格的三角面片推测被测物体可能存在特征的地方。与传统的特征提取方法不同，基于散乱点的特征提取是直接从散乱点云中提取特征。

特征提取分为三个部分：

（1）特征点的提取。首先将点云数据分成了类：平坦处点、尖锐点和边界点，采用多尺度的方法监测边界点，基于局部特征权值检测尖锐点。

（2）特征线的提取。通过提取特征点集（称为特征点云），建立最小生成树，形成不同的连通区域。

（3）特征线的拟合。该阶段的目的是生成光滑的特征线，利用过顶点的三次 B 样条曲线拟合出光滑的特征线。处理流程如图 5-1 所示。

该方法具有以下特点：

（1）直接从散乱点云中提取特征，无须对点云进行网格构造，节省了内存资源；

（2）采用多尺度的方法检测边界点，可以避免由于点云数据分布不均而造成的误差；

（3）以特征权值代替平均曲率来反映曲面的形状变换，更利于提取被测物体的主要特征，同时其具有一定的滤波作用，能克服噪声干扰，提高特征点监测

图 5-1   特征线提取的算法流程图

的可靠性和稳定性；

（4）利用过顶点三次 B 样条拟合获得光滑的特征线，精度更高。

5.1.1   特征点提取

散乱点云一般可以分为三类，即平坦处点、尖锐点和边界点，其中，尖锐点和边界点统称为特征点。

特征点提取阶段为点云中的每个采样点设置一个权值，使之与该点隶属于特征点的可能性成正比关系，称为特征权重。采用基于平面曲率的特征权值，该点属于特征点的可能性越大，则其权值越大。根据采样点的特征权值可方便地提取特征点，并用于生成特征线。但是由于边界点是一类比较特殊的特征点，它的邻域拓扑关系只存在于一侧，使用基于平均曲率的局部权值计算方法在边界点处会出现局部偏差。因此，首先对边界点进行检测，并对其进行记录，再对尖锐点进行检测。

基于上述分析，采取以下策略进行特征点分类：

（1）以 k-邻域作为离散尺度标准，控制局部窗口尺寸，处理边界点；

（2）基于平均曲率计算采样点的局部特征权值，使之能表征采样点蕴含的局部信息量和曲面形状变化，克服噪声干扰。

5.1.1.1   曲率估算

曲率就是针对曲线或者曲面上某个点的切线方向角对弧长的转动率，通过微分来定义，表明曲线和曲面偏离的程度。曲率越大，表示曲线或者曲面的弯曲程度越大。因此，曲率是曲线与曲面研究领域中常用于表征曲线或曲面形状变化的特征量，可为提取精细曲面结构提供重要线索。采样点的曲率越大，该点所在局部曲面越有可能是被测物体的尖锐特征。因此，测量点处曲面曲率的估算可以作为特征点识别的基础。

对于规则栅格分布的点云数据，曲率的计算比较方便，通过建立基于欧式距离局部二次参数曲面实现对规格栅格分布的点云主曲率和主方向的计算。而对于无任何拓扑信息的散乱点云，由于其仅含有三维坐标信息，无任何拓扑信息，其曲率只能近似估算。散乱点云曲率估算的方法可以分为两类：基于局部曲面拟合的方法和基于曲线的曲率估算方法。第一类方法是利用邻域点构造一个曲面来拟合被测曲面，然后根据拟合曲面的导数来计算被测曲面在数据点处的曲率，而基于曲线的方法是通过数据点的曲线和曲率来估算数据点处的最大和最小曲率。

5.1.1.2　散乱点处曲面曲率的估计

对于散乱点云，可采用局部曲面拟合的方法估算曲率，首先建立局部坐标系，对空间点进行二次曲面拟合，再根据参数曲面的曲率性质估算曲率值。

A　建立局部坐标系

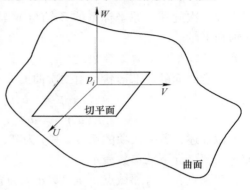

在 $p_i(x_i, y_i, z_i)$ 处建立局部坐标系 (U, V, W)：以 $p_i(x_i, y_i, z_i)$ 为原点。W 轴与 p_i 点处切平面法矢方向一致，即为曲面在点 p_i 的法矢方向，U 轴和 V 轴相互正交于切平面内，且与 W 轴构成直角坐标系，局部坐标系如图 5-2 所示。

图 5-2　局部坐标系

局部坐标系的 W 轴依赖于 p_i 点的法矢，因此需要首先估算出模型中每一顶点的法矢。确定 W 轴后，根据下述方法确定 U 轴和 V 轴：

首先将原坐标系的原点 O 点移到 p_i 点，则变换矩阵为：

$$T = \begin{bmatrix} 1 & 0 & 0 & 0 \\ 0 & 1 & 0 & 0 \\ 0 & 0 & 1 & 0 \\ x_i & y_i & z_i & 1 \end{bmatrix} \tag{5-1}$$

然后，将坐标系绕 X 轴旋转 α 角，α 是 $n(n_x, n_y, n_z)$ 在 XOZ 平面上的投影与 Z 轴的夹角。则旋转矩阵 R_x 为：

$$R_x = \begin{bmatrix} 1 & 0 & 0 & 0 \\ 0 & \cos\alpha & -\sin\alpha & 0 \\ 0 & \sin\alpha & \cos\alpha & 0 \\ 0 & 0 & 0 & 1 \end{bmatrix} \tag{5-2}$$

式中　$\cos\alpha = \dfrac{n_z}{\sqrt{n_y^2 + n_z^2}}$；

$\sin\alpha = \dfrac{n_y}{\sqrt{n_y^2 + n_z^2}}$。

旋转后 $n(n_x, n_y, n_z)$ 位于平面 XOZ 上，最后，绕 Y 轴旋转 β 角，β 角为法矢与上次旋转后的 Z 轴的夹角。其旋转矩阵 R_y 为：

$$R_y = \begin{bmatrix} \cos\beta & 0 & -\sin\beta & 0 \\ 0 & 1 & 0 & 0 \\ \sin\beta & 0 & \cos\beta & 0 \\ 0 & 0 & 0 & 1 \end{bmatrix} \tag{5-3}$$

式中　$\cos\beta = \sqrt{n_y^2 + n_z^2}$ ；

$\quad\quad\sin\beta = nx$。

经两次旋转，原坐标系的 Z 轴与 W 轴重合，分别取变换后的 X 轴和 Y 轴为 U 轴和 V 轴。

B　二次曲面的参数表达

任意曲面的局部形状可由二次曲面

$$S(u,v) = (u,v,w(u,v)) \tag{5-4}$$

$$w(u,v) = au^2 + buv + cv^2 + eu + fv \tag{5-5}$$

来近似描述，若一次项的系数 e 和 f 为零，则该二次曲面就是一个二次抛物曲面，即为局部坐标下的参数表示。

对顶点 p_i ，有邻域点 $p_j \in Nbhd(p_i)(j = 1,2,\cdots,k)$ ， $p_j(x_j, y_j, z_j)$ 在局部坐标系下的坐标值 (u_j, v_j, w_j) 。其变换矩阵为：

$$A = T^{-1}R_x^{-1}R_y^{-1} = \begin{bmatrix} 1 & 0 & 0 & 0 \\ 0 & 1 & 0 & 0 \\ 0 & 0 & 1 & 0 \\ x_i & y_i & z_i & 1 \end{bmatrix} \begin{bmatrix} 1 & 0 & 0 & 0 \\ 0 & \cos\alpha & -\sin\alpha & 0 \\ 0 & \sin\alpha & \cos\alpha & 0 \\ 0 & 0 & 0 & 1 \end{bmatrix} \begin{bmatrix} \cos\beta & 0 & -\sin\beta & 0 \\ 0 & 1 & 0 & 0 \\ \sin\beta & 0 & \cos\beta & 0 \\ 0 & 0 & 0 & 1 \end{bmatrix}$$

$$\tag{5-6}$$

将邻域点 $p_j(x_j, y_j, z_j)$ 在局部坐标系下的坐标 (u_j, v_j, w_j) 代入式（5-4）和式（5-5），当 k 大于 3 时，得到一超定方程组，利用最小二乘法求解，得到最佳拟合二次曲面的参数 a ， b ， c 。

C　曲率计算

得到拟合二次曲面的参数方程后，根据参数曲面的曲率性质计算其主曲率的主方向。拟合的二次曲面是对被测面的局部估计，因此可以用拟合二次曲面的曲率值近似代替被测面的曲率，并将其视为采样点的曲率。

根据微分几何性质可知，主曲率是采样点局部形状的体现。高斯曲率 K 是主曲率的乘积，根据其符号可以确定曲面上点的性质， $K > 0$ 表明该点是椭圆点， $K = 0$ 为抛物点， $K < 0$ 则为双曲点（ $K < 0$ ）；平均曲率 H 是主曲率之和的平均值，可表明曲面的凸凹。表 5-1 给出不同符号的平均曲率和高斯曲率所代表的特征类型。从表中可知，由平均曲率值的符号即可获得采样点的凸凹信息，对于曲面变化激烈的尖锐点，监测时无需考虑其具体的凸凹信息，信息后续特征点提取主要基于平均曲率。

表 5-1   局部曲面类型

类型序号	高斯曲率	平均曲率	几何意义	曲　面　类　型
1	$K=0$	$H=0$	平面	平面
2	$K=0$	$H>0$	脊	点局部为凸，在一个主方向上为平
3	$K=0$	$H<0$	谷	点局部为凹，在一个主方向上为平
4	$K<0$	$H>0$	鞍形脊	点在大部分方向上局部为凸，在小部分方向上为凹
5	$K<0$	$H<0$	鞍形谷	点在大部分方向上局部为凹，在小部分方向上为凸
6	$K<0$	$H>0$	峰	点在所有方向上局部均为凸
7	$K<0$	$H<0$	阱	点在所有方向上局部均为凹

5.1.2   边界点的提取

边界特征是表达曲面的重要几何特征，其提取精度的速度对曲面重建质量和效率起着重要作用。传统方法主要基于点云三角网格模型提取点云边界，这种方法能够准确地提取到边界特征，但效率低。相对于传统方法直接从散乱点识别出边界点的方法具有快速、准确的特点。对于点云数据，可以认为：数据点 p 的邻域分布如果偏向一侧，则可以认为点 p 为边界特征点，反之则认为 p 是内部点。基于该思想可以利用数据点及其周围点的分布均匀性来判断边界点，如图 5-3 所示。

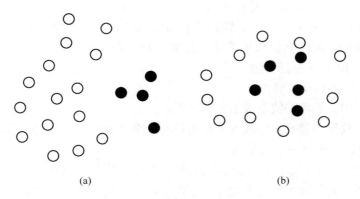

图 5-3   边界点的识别
（a）p 为边界点；（b）p 为内部点

该思想对分布不均匀的点云数据会产生比较大的误差，如图 5-4 所示，若取 $k=10$，则会认为 p 点为边界点。

基于多尺度边界点检测方法可以很好地解决这一问题，该方法具有较强的适

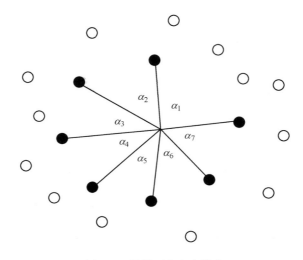

图 5-4　投影面内角度排序

应性，能更好地适用于分布不均匀的点云数据。

　　对于检测点 p，首先根据点 p 及其 k 邻域点构造最小二乘平面，然后将 p 以及邻域点投影到最小二乘平面上，如图 5-4 所示。取点 p 在 k 邻域点中最近点 q_i 作有向线段 $\overrightarrow{pq_i}$，以 $\overrightarrow{pq_i}$ 为基准，分别计算由点 p 到其余 k 邻域点 q_j 的有向线段 $\overrightarrow{pq_j}$ 之间的顺时针夹角：$S = (a_1, a_2, \cdots, a_{k-1})$。对其进行升序排列得到新的角度序列 $S' = (a_1', a_2', \cdots, a_{k-1}')$。最后由式（5-7）计算出角度序列差 L。

$$L = \alpha_{i+1}' - \alpha_1' \quad i \in [0, 1, \cdots, k] \tag{5-7}$$

　　很显然，L 的几何意义是相邻线段之间的夹角。找出 L 中最大角 L_{max}，并设定角度阈值 L_{HT}，若 $L_{max} > L_{HT}$，则认为 p 为候选边界点。这里一般取 $L_{HT} = 2\pi/3$。多尺度检测方法其检测窗口即为 k，对检测点 p 赋予一个尺度权值 ε，分别取 $k = 10, 15, 20$ 对 p 进行检测。

　　具体的算法实现步骤为：

　　（1）利用 k 邻域点拟合最小二乘平面。

　　（2）将数据点及其 k 邻域点投影到最小二乘平面内，连接数据点的投影点和邻域点的投影点得到一个向量集。

　　（3）计算向量与基准向量之间的夹角，升序排序并计算夹角集 L。

　　（4）计算 L 的最大角度差 L_{max}，若 $L_{max} < L_{HT}$，则 $\varepsilon + +$，改变 k 值重复步骤（1）～（3）。

　　（5）若 $\varepsilon = 3$，则认为 p 为边界点。

　　这种基于多尺度边界点检测方法具有较强的适用性，在点云分布不均匀的地方有效避免错误检测，实验证明 k 值分别选择 10，15，20 能够满足要求。

　　尖锐点包含的信息量大，能够准确地反映被测物体的形状特征。针对特征尖锐点这一特点，采用基于点云平均曲率的方法计算点的局部特征权值，以期解决以下问题：

（1）特征权值应能反映尖锐点的特性。

（2）应能克服噪声干扰，具有较强的稳健性。

局部特征权值越大，该点所在局部区域的无序程度越高，说明该点提供的信息量越大，其为特征点的概率越高。下面给出特征权值的具体定义：

对于 $\forall\ p_i \in P$，其 k 邻域点集为 $q_i \in Q\ (i=0, 1, 2, \cdots, k)$，已知点 p_i 处的平均曲率为 H_i，则定义采样点在 k 邻域下的局部权值为：

$$w(p_i, k) = \sqrt{\frac{1}{k}\sum_{i}^{k}(|H_{qi}| - \overline{H})^2} + \sqrt{(H_i - \overline{H})^2} \tag{5-8}$$

式中　H_{qi}——k 邻域点集内点的平均曲率。

$$\overline{H} = \frac{1}{n}\sum_{i=1}^{n}H_i \tag{5-9}$$

对于 $\forall\ p_i \in P$，若该点处的局部特征权值满足 $w(p_i, k) > w_{\max}$，则认为该点为 k 邻域下的特征点，其中 $w_{\max}$ 为阈值，可由用户设定或通过系统自动计算得到。局部特征权值反映了采样点的平均曲率的离散程度，其几何意义为：在局部特征权值小的地方，点的平均曲率相对较均匀；在局部特征权值大的地方，点的平均曲率离散性较大，说明该区域曲面包含的信息量较大，该点为特征点的几率较大。局部特征权值是 k 邻域内多个采样点的共同贡献，对单点噪声不敏感，因此这种基于局部平均曲率的特征权值本身具有一定的滤波效果。因此，采用该方法检测特征点，可满足算法对高信息量、稳健性和较强抗噪性的要求。

针对不同的测量对象，特征点的提取可分为固定特征检测率和固定局部权值阈值的方式进行。在固定特征检测率的条件下，不同的检测对象及其特征权值的阈值不同。阈值可根据设定的检测率来求取，这样，在固定检测率的条件下提取的特征点云的规模基本保持不变。在固定局部特征权值的条件下，仅需设定一次阈值，在不同的检测对向下均以该阈值提取特征点。确定阈值后即提取特征点，这样提取的特征点云规模将是变化的。

以上两种计算方法各有利弊。对于固定特征检测率的情况而言，所用的阈值能保证满足用户要求的特征检测率，但计算量相对较大；固定局部权值阈值的方式，虽然降低了计算量，然而，针对不同的检测对象，合适的初始阈值较难确定。对于某些初始阈值，当增大到一定程度时，将完全无法检测到特征点，这为特征的提取带来了额外的困难。在实际应用中，通常按固定特征检测率的方法计算。

5.1.3　特征线提取

点云特征线是指能够表达实物原始边界特征的测量点集，或者由这些测量点连成的曲线。特征线不仅可以作为表达曲面的重要几何特征，而且可以作为求解曲面的定义域。可以依据每个已提取特征点的特征权值，建立最小生成树，并将这些无序特征点连接成线。

（1）点云特征线的主要步骤：

1）以用户指定的阈值，提取特征可信度的采样点集合。

2）根据采样点的特征权值设置边权值，建立最小生成树，构造连通区域，其中每个连通区域可能包含多条特征线。

3）将特征点连接成线。

4）剔除不重要的特征线分支。

（2）对象模型的特征。对象模型的特征可能是割裂的，即特征不是完全连通的，因此首先设定一个距离阈值 D_{max} 区别特征；接着建立最小生成树（MST），其建立的主要步骤如下：

1）最小生成树的构造从具有特征权值最大值的特征点开始，以该点为种子点，加入最小生成树中，然后建立边集合。

2）使集合中的所有边满足边长小于 D_{max}，且两顶点中仅有一个点在最小生成树中，接着找出集合中权值最大的边。

3）该边的两顶点中选择不在 MST 中的哪个顶点加入 MST，更新边集合。

4）重复建立边集合、搜索最小权值边、插入新顶点到 MST 中的过程。

5）当构建所有的边大于 D_{max} 时，则部分特征构成树结束。

6）寻找新的特征区域，重复（1）~（5）搜索直至点搜索完毕。

重建最小生成树后，树中仍会包含许多短边，导致特征线的毛刺现象，这些细碎的特征线虽然也可能是被测物体的特征所在，但并非物体的主要特征，往往不是用户感兴趣的特征线，将对基于特征线的数据分割和网格构造造成干扰，应予以剪除。细碎特征线的剪除从树的每个叶子节点开始，向树的根追溯，直至到达分支点，为每个分支赋予一个相应权重，权值大的给予保留。

5.1.4　特征线拟合

三维物体的特征线可刻画模型的大致轮廓和形状，因此通过绘制特征线可以突出模型的几何信息。上节详细介绍了从三维模型中提取特征线的过程，但是仅将提取的特征点连接成线是不够的，其精度及效果均不理想，因此需对提取的特征点进行样条线拟合。

本节针对从散乱点云数据中直接提出的特征点，介绍一种特征点 B 样条曲线构造拟合方法，并将应用到特征线的拟合当中。这种曲线可通过调整特征点进行线条拟合，并始终通过控制点保证了特征线拟合的精度。

5.1.4.1　B 样条曲线的定义

给定 $n+1$ 个控制点 $d_i(i=0, \cdots, n)$ 和节点向量 $u_i(i=0, \cdots, n)$，则 k 阶

（k-1 次）B 样条曲线定义为：

$$C(u) = \sum_{i=0}^{n} d_i B_{i,k}(u) \tag{5-10}$$

（1）控制顶点。控制顶点又叫德布尔点，B 样条曲线并不通过控制顶点而是对这些控制顶点进行加权和定义。由控制点顺次连接而成的折线称为 B 样条控制多边形。可以证明，B 样条曲线的控制多边形总是凸多边形。B 样条曲线位于这个凸多边形的包围之中。

（2）节点向量。节点向量由一个非减数列组成，即：$u_0 \leq u_1 \leq \cdots \leq u_n$，它定义了 B 样条曲线的方向，并且一条 k 阶 B 样条曲线中节点个数总是比控制定点个数多 k 个。实际上，节点向量定义了 B 样条基，进而决定论对相应控制顶点的加权大小。相邻节点向量可以有相同的取值，但这会影响到最终 B 样条曲线的光顺性。节点每重复一次，B 样条曲线在该处的参数连续性就会降低一个等级。因此，对于一个 k 阶 B 样条曲线其节点最多可以重复 $k-1$ 次，否则 B 样条曲线就会被分割成两条不连续的曲线。当 k 阶 B 样条曲线的某个节点重复 $k-1$ 次时，B 样条曲线会通过相应的控制顶点。因此，节点向量中的第一个和最后一个节点通常重复多次，以便使最终的 B 样条曲线通过其实控制顶点和终止控制顶点。节点向量的取值可以在任意区间，但在实际应用中，通常将其区间归一化到 [0，1] 区间上。

（3）阶次。B 样条的阶次决定了影响曲线上一点取值的相邻控制顶点的个数。决定一点取值的控制顶点总是比 B 样条的阶次大 1。阶次越高，B 样条曲线越光滑，但是其计算代价越大。工程实际中，3 次 B 样条曲线的计算量与光顺性都相对理想，其应用最为广泛。

（4）基函数的构建。B 样条基函数可以由节点向量通过德布尔—考克斯递推公式得出：

$$B_{i,k}(u) = \frac{u - u_i}{u_{i+k} - u_i} B_{i,k-1}(u) + \frac{u_{i+k+1} - u}{u_{i+k+1} - u_{i+1}} B_{i+1,k-1}(u) \tag{5-11}$$

式中，在特殊情况下，规定 $k=0$，并且规定 $0/0=0$。

$$B_{i,0}(u) = \begin{cases} 0 & u_i \leq u \leq u_{i+1} \\ 1 & \text{其他} \end{cases} \tag{5-12}$$

5.1.4.2 过特征点的特征线拟合方法

上述 B 样条曲线有很多优点，如具有局域性、光滑性，但其缺点是控制点不在曲线上，如果直接运用 B 样条曲线的方法拟合特征线会造成精度的损失，针对这一问题，采用一种过控制点的三次 B 样条曲线来拟合特征线。

由上节定义可推得等距分布节点的 3 次 B 样条函数为：

$$B_{i,3}(u) = \begin{cases} 0 & x \in (x_i, x_{i+4}) \\ \dfrac{1}{6}u^2 & x \in (x_i, x_{i+1}) \\ \dfrac{1}{6}(1 + 3u + 3u^2 - 3u^3) & x \in (x_{i+1}, x_{i+2}) \\ \dfrac{1}{6}(4 - 6u^2 + 3u^3) & x \in (x_{i+2}, x_{i+3}) \\ \dfrac{1}{3}(1 - u)^3 & x \in (x_{i+3}, x_{i+4}) \end{cases} \tag{5-13}$$

其中，$u = x - x_j, u \in [0, 1] (j = i, i+1, i+2, i+3)$。

这种方法理论控制点直接用实际控制点表示，令用于插值 $n + 1$ 个数据点 p_i $(i = 0, \cdots, n + 3)$ 的三次均匀 B 样条为：

$$S_i(t) = \frac{1}{6}(1 - 3t + 3t^2 - t^3)d_i + \frac{1}{6}(4 - 6t^2 + 3t^3)d_{i+1} +$$

$$\frac{1}{6}(1 + 3t + 3t^2 - 3t^3)d_{i+2} + \frac{1}{6}t^3 d_{i+3} \tag{5-14}$$

且满足 $S_i(0) = p_i (i = 0, \cdots, n)$，代入后得

$$\begin{cases} \dfrac{1}{6}d_0 + \dfrac{4}{6}d_1 + \dfrac{1}{6}d_2 = p_0 \\ \dfrac{1}{6}d_1 + \dfrac{4}{6}d_2 + \dfrac{1}{6}d_3 = p_1 \\ \vdots \\ \dfrac{1}{6}d_{n-3} + \dfrac{4}{6}d_{n-2} + \dfrac{1}{6}d_1 = p_{n-3} \end{cases} \tag{5-15}$$

其中　d_i——理论控制点；

　　　p_i——实际控制点。

这里有 $n - 2$ 个方程和 n 个未知数，需增加两个边界条件：$S_0(0) = q_0$，$S_{n-3}(0) = q_{n-3}$。即

$$\frac{1}{2}(-d_0 + 3d_2) = q_0$$

$$\frac{1}{2}(-d_{n-3} + 3d_{n-1}) = q_{n-3} \tag{5-16}$$

解方程即可。图 5-5 显示该曲线的效果。

图 5-5　过控制点的三次 B 样条曲线

5.2 点云数据配准

三维激光测量仪采集点云数据的过程中，一次测量只能采集物体的部分表面信息，为了得到被测物体的完整数据模型，需要确定一个合适的坐标变换，将从各个视角得到的点集合并到一个统一的坐标系下形成一个完整的数据点云，然后就可以方便地进行可视化等操作，这就是点云数据的配准。点云配准有手动配准、依赖仪器的配准和自动配准。通常我们所说的点云配准技术是指最后一种也就是自动配准。点云自动配准技术是通过一定的算法或者统计学规律，利用计算机计算的两块点云之间的错位，从而达到把两片点云自动配准的效果。配准是求解在不同视角下三维坐标点之间的转换关系，即将不同测站的点云数据全部转化到统一的坐标系中。其实质是把在不同的坐标系中测量得到的数据点云进行数据变换，以得到整体的数据模型。问题的关键是如何获得变换参数 R（旋转矩阵）和 T（平移向量），使得两视角下测得的三维数据经坐标变换后的距离最小。

（1）基于特征配准。基于特征配准是从不同测站的点云数据中选取合适的特征信息，通过求解变换参数得到两组点云数据的转换关系，进而实现点云配准。这里的特征可以是待测量对象本身的明显特征，如角点、特征边线、特征曲面等，也可以是人工布设的控制点，如平面靶标、球靶标等。

（2）无特征的点云配准。基于特征配准增加了点云采集和特征提取阶段的工作量，操作中需要较多的人工交互。因此，很多学者致力于研究点云的自动配准算法。点云自动配准算法有多种，目前，使用较广泛的一种算法是 ICP（Iterative Closest Point）算法，即：最近点迭代法。

现有很多软件在点云配准过程中采用改进的 ICP 算法，同时，为解决算法迭代效率较慢的问题，通过人机交互的方式，由用户在相邻点云数据中指定特征明显的公共点作为迭代初值，这样大大缩短了算法迭代时间，提高了配准的效率和精度。

目前国内外对点云数据的坐标配准进行的研究比较多，已有比较成熟的软件，如 Cylone6.0 软件，它的拼接精度达到 $2 \sim 3\text{mm}$；Polyworks 软件的拼接精度则更高。最常用的坐标配准算法主要有四元数据配准算法、六参数或七参数配准算法、迭代最近点（ICP）。

四元数配准法，从空间变换的角度看，配准就是从一个坐标系到另一个坐标系的刚体变换，需要解决旋转矩阵 R 和平移向量 T 的问题。1986 年 Faugeras 和 Hebert 提出了四元数据概念进行配准，应用一组四元数据表示三个旋转参数。提出点集到点集的坐标系匹配的近似方法（PSTPS）。该类方法的有事在于它可以直接求解刚性变换而不需要一个初始的位姿估计，处理过程是严密的数学解算过程，不需要迭代。该方法已经广泛地应用于众多领域的三维激光测量数据的配准中。

六参数（或七参数）配准算法需要解决三个旋转参数、三个平移参数、一个尺度参数的问题。在两个三维直角坐标系中，通过坐标轴的旋转和平移，实现三个坐标轴与参考坐标轴系的轴向一致，以及两个坐标系原点重合。与普通测量中的小角度旋转不同，这里的旋转是大角度旋转，计算旋转参数的过程较复杂，通过测量平差求出六个参数。与四元数据配准法不同，它是一种非严密的数学方法，可以通过增加配准数据的约束条件来提高计算精度。

迭代最近点又称为 ICP 配准法，1992 年 Besl 和 Mckay 提出 ICP 方法，首先假设得到一个初始的位姿估计，再从一个测量点集中选取一定数量的点，并在相邻测量点集中寻找出这些点的对应点。通过对这些对应点对间的距离最小化来求得一个变换，通过严密解算重新计算最近点点集，迭代计算直到目标函数值不再变化，才停止迭代。ICP 方法主要用于自由形态曲面和表面的三维形状的配准。ICP 搜索最近点的方法有点到点最近搜索法、点到面最近搜索法、点到投影的最近点搜索法。Besl 和 Mckay 对 ICP 的迭代收敛方面进行改进，也称为 ICP 加快算法 AICP（Accelerated Iterative Closest Point）。

5.2.1 计算机图形学图形变换基础

图形变换是计算机图形学的基础内容之一，通过图形变换可以实现三维图形的平移、旋转和缩放，这就等价于对图形的局部坐标系进行相应变换。图形坐标变换点云拼接的基本原理。

5.2.1.1 齐次坐标

首先引入齐次坐标的概念。所谓齐次坐标表示法就是用 $n+1$ 维向量表是一个 n 维向量。n 维空间中点的位置向量用非齐次坐标表示时，具有 n 个坐标分量（p_1，p_2，$\cdots$，p_n），且是唯一的。若用齐次坐标表示时，此向量有 $n+1$ 个坐标分量（hp_1，hp_2，$\cdots$，hp_n，h），且不唯一。三维空间中坐标点的齐次表示为（h_x，h_y，h_z，h）。齐次坐标的优越性主要有以下两点：

（1）提供了用矩阵运算把三维空间中的一个点集从一个坐标系变换到另一个坐标系的有效方法。

（2）可以表示无穷远点。例如 $n+1$ 维中，$h=0$ 的齐次坐标实际上表示了一个 n 维的无穷远点。

5.2.1.2 三维图形的几何变换

三维齐次坐标变换矩阵的形式是：

$$T_{3D} = \begin{pmatrix} a_{11} & a_{12} & a_{14} & a_{14} \\ a_{21} & a_{22} & a_{23} & a_{24} \\ a_{31} & a_{32} & a_{33} & a_{34} \\ a_{41} & a_{41} & a_{43} & a_{44} \end{pmatrix} \tag{5-17}$$

从变换功能上，T_{3D}可分为 4 个子矩阵，其中：$\begin{pmatrix} a_{11} & a_{12} & a_{13} \\ a_{21} & a_{22} & a_{23} \\ a_{31} & a_{32} & a_{33} \end{pmatrix}$ 产生比例、旋转等几何变换；(a_{41}, a_{42}, a_{43})，$(a_{14}, a_{24}, a_{34})^{\mathrm{T}}$ 产生投影变换；(a_{44}) 产生整体比例变换。利用 T_{3D} 对几何图形坐标变换（T_{3D} 是一个右乘矩阵），将 T_{3D} 转置为 T'_{3D}，即成为左乘矩阵。

比如要将坐标 (x, y, z) 变换成 (x^{*}, y^{*}, z^{*}) 相应计算为：

$$(x^{*}, y^{*}, z^{*}, 1) = (x, y, z, 1) \begin{pmatrix} a_{11} & a_{12} & a_{14} & a_{14} \\ a_{21} & a_{22} & a_{23} & a_{24} \\ a_{31} & a_{32} & a_{33} & a_{34} \\ a_{41} & a_{41} & a_{43} & a_{44} \end{pmatrix} \qquad (5\text{-}18)$$

多视点云在各个位置测量的数据必须有一部分重叠才能拼接，也就是说要拼接的两块点云 P、Q 必须有一部分公共点。这样在 P、Q 中就能确定足够数量的公共点，就相当于知道了式（5-18）中的一组 $(x, y, z, 1)$ 和与之相对应的 $(x^{*}, y^{*}, z^{*}, 1)$，只需要求解一组线形方程组就能确定转换矩阵中的各参数。

由于多视点云拼接只涉及点云的平移与旋转，不包含投影和缩放，因此有：

$$\begin{pmatrix} a_{14} \\ a_{24} \\ a_{34} \end{pmatrix} = \begin{pmatrix} 0 \\ 0 \\ 0 \end{pmatrix} \qquad (5\text{-}19)$$

$$(a_{44}) = (1) \qquad (5\text{-}20)$$

那么 T_{3D} 就变成式（5-21）的形式：

$$T_{3D} = \begin{pmatrix} a_{11} & a_{12} & a_{14} & 0 \\ a_{21} & a_{22} & a_{23} & 0 \\ a_{31} & a_{32} & a_{33} & 0 \\ a_{41} & a_{41} & a_{43} & 1 \end{pmatrix} \qquad (5\text{-}21)$$

这就是之前提到的那个转换矩阵。这样理论上讲，两块点云只要有不在一条直线上四个公共点就可以计算出相应的变换矩阵。

5.2.2　基于 PCL 的点云配准

5.2.2.1　两两配准简介

我们称一对点云数据集的配准问题为两两配准。通常通过应用一个估计得到的表示平移和旋转的 4×4 刚体变换矩阵来使一个点云数据精确地与另一个点云数据集（目标数据集）进行完美配准。具体实现步骤如下：

（1）首先从两个数据集中按照同样的关键点选取标准，提取关键点。

（2）对选择的所有关键点分别计算其特征描述子。

（3）结合特征描述子在两个数据集中的坐标的位置，以二者之间特征和位置的相似度为基础，来估算他们的对应关系，初步估计对应点对。

（4）假定数据是有噪声的。除去对配准有影响的错误的对应点对。

（5）利用剩余的正确对应关系来估算刚体变换，完成配准。

PCL 中两两配准步骤如图 5-6 所示，整个配准过程最重要的是关键点的提取以及关键点的特征描述，以确保对应估计的准确性和效率，这样才能保证后续流程中的刚体变换矩阵估计的无误性，所以 PCL 对于关键点和特征描述提取两个重要技术也有单独的模块。

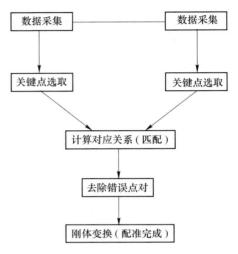

图 5-6　PCL 中两两配准流程图

5.2.2.2　对应估计

假设已经得到由两次测量的点云数据获得的两组特征向量，在此基础上，必须找到相似特征在确定数据的重叠部分，然后才进行配准。根据特征的类型 PCL 使用不同方法来搜索特征之间的对应关系。

进行点匹配时（使用点的 x、y、z 三维坐标作为特征值），针对有序点云数据和无序点云数据有不同的处理策略：

（1）穷举配准。

（2）kd-tree 最近邻查询。

（3）在有序点云数据的图像空间中查找。

（4）在无序点云数据的索引空间中查找。

进行特征匹配时（不是用点的坐标，而是某些由查询点邻域确定的特征，如法向量、局部或全局形状直方图等），有以下几种方法：

（1）穷举配准。

（2）kd-tree 最邻近查询。

除了查询之外，对应估计也区分了两种类型。

（1）直接对应估计（默认）：为点云 A 中的每一个点搜索点云 B 中的对应点，确认最终对应关系。

（2）"相互"对应估计：首先从点云 A 到点云 B 搜索对应点，然后又从点云 B 到点云 A 搜索对应点，最后只取交集作为对应点对。

所有这些在 PCL 类设计和实现中都以函数的形式让用户可以自由设定和

使用。

5.2.2.3　对应关系去除

由于噪声的影响，通常并不是所有估计的对应关系都是正确的。由于错误的对应关系对于最终的刚体变换矩阵的估算会产生负面影响，所以必须去除，可以使用随机采样一致性估计或者其他方法剔除错误对应关系，最终使用的对应关系数量只使用一定比例的对应关系，这样既能提高变换矩阵的估计精度也可以提高配准速度。

遇到有一对多对应关系的特例情况，即目标模型中的一个点对应源中的若干个点与之对应。可以通过只取与其距离最近的对应点或者检查附近的其他匹配的滤波方法过滤掉其他伪对应关系。同样地针对对应关系的去除 PCL 有单独设计类与之对应。

5.2.2.4　变换矩阵估算

估算变换矩阵步骤如下：

（1）对应关系的基础上评估一些错误的度量标准。

（2）在摄像机位姿（运动估计）和最小化错误度量标准下估算一个（刚体）变换。

（3）优化点的结构。

（4）使用刚体变换把源旋转/平移到与目标所在的同一坐标下，用所有点、点的子集或者关键点运行一个内部 ICP 循环。

（5）进行迭代，直到符合收敛性判断标准为止。

5.2.2.5　采样一致性初始配准算法

配准算法从精度上分为两类：一种是初始的变换矩阵的粗略估计，另一种是像 ICP 一样的精确的变换矩阵估计。对于初始的变换矩阵粗略估计，贪婪的初始配准方法工作量很大，它使用了点云数据旋转不变的特性，但计算复杂度较高，因为在合并的步骤需要查看所有可能的对应关系。此外，因为这是一个贪婪算法，所以有可能只能得到局部最优解。因此采用采样一致性方法，试图保持相同的对应关系的几何关系而不必尝试了解有限个对应关系的所有组合。相反，从候选对应关系中进行大量的采样并通过以下的步骤对它们中的每一个进行排名。

（1）从 P 中选择 s 个样本点，同时确定它们的配对距离大于用户设定的最小值 d_{min}。

（2）对于每个样本点，在 Q 找到中找到满足直方图和样本点直方图相似的点存入一个列表中，从这些点中随机选择一些代表采样点的对应关系。

（3）计算通过采样点定义的刚体变换和其对应变换，计算点云的度量错误来评价转换的质量。

通过比较大量的对应关系（变换），快速找到一个好的变换。

重复这 3 个步骤直至取得储存了最佳度量错误，并使用暴力配准部分数据。最后使用一个 Levenberg-Marquardt 算法进行非线性局部优化。

5.2.3 ICP 算法

5.2.3.1 ICP 算法简介

ICP 算法对待拼接的 2 片点云，首先根据一定的准则确立对应点集 P 与 Q，其中对应点对的个数为 n。然后通过最小二乘法迭代计算最优的坐标变换，即旋转矩阵 R 和平移矢量 t，使得误差函数最小。ICP 算法计算简便直观且可使拼接具有较好的精度，但是算法的运行速度以及向全局最优的收敛性却在很大程度上依赖于给定的初始变换估计以及在迭代过程中对应关系的确立，各种粗拼接技术可为 ICP 算法提供较好的初始位置，所以迭代过程中确立正确对应点集以避免迭代陷入局部极值成为各种改进算法的关键，决定了算法的收敛速度与最终的拼接精度。ICP 处理流程分为 4 个主要步骤：（1）对原始点云数据进行采样；（2）确定初始对应点集；（3）去除错误对应点集；（4）坐标变换的求解。

ICP（iterative closest point，迭代最近点）算法是一种迭代计算方法，比利用标定物拼接的方法精度更高。

A 基本算法原理

假设两块待拼合的点云 P，Q 具有重叠区域 Q，设 Q 上任一点在 P、Q 上的位置分别为 p_i、q_j，把两块点云 P、Q 分别归集为两个整体，则只要找出四对或四对以上不在同一直线上的 (p_i, q_j)，则 P，Q 就能完整地拼合。

多视点云拼接问题即变成：

$\forall p_i \in P$，求 $q_j \in Q$，满足

$$|Tp_i - q_j| = 0 \quad （T \text{ 为多视点云之间的转换矩阵}） \tag{5-22}$$

实际上想要准确地找到 q_j 满足上式是很困难的，因而我们希望能找到一个 $q_i \in Q$，用 q_i 来逼近 q_j，使 q_i 满足

$$e = |Tp_i - q_j| < \xi \tag{5-23}$$

式中 ξ——比较小的值（比如设定的某个精度）。

尽量使 e 达到最小，这就是在计算可视化、图像匹配、人工智能等方面进行广泛研究的 ICP 算法。

B 算法基本步骤

点是几何图形中最简单的元素，但对于其集合进行操作却并不容易。因为它不像直线、面可以进行求交、裁减等各种运算。由于多视点云的重叠区域一般并不是很大，因而只取拼合处的一个点云的子集是可行的。对这个子集的所有点进行遍历对于现行计算速度和时间还是可以接受的，最关键的问题是拼合精度。造成精度的误差来源于两个方面：迭代时最初转换矩阵的选择和拼接算法的选择。

转换矩阵的误差既与所选的数学模型有关，又与物体表面的光洁度有关。拼接算法的主要思想是按顺序迭代，任意两个平面其法线夹角不大于某个临界角时，均可看作是相邻的迭代点组成。但对于具有对称形状的实物样件而言，两个对称部分的任意三点组成的平面其法线夹角不仅小于临界角甚至有可能平行，这在迭代时将造成巨大偏差，以至于所选迭代点远远偏离目标点。为避免这种情况出现，限定与初始迭代点在 nD（n 一般小于 5，D 为点云中两点之间的距离）范围之内是一个比较好的解决方法。鉴于此：

（1）从两个待拼接的点云 P、Q 的拼接处各取一个子集 A、$B(A \in P, B \in Q)$ 且 A、B 的大小约为 P、Q 的 0.3~0.4。

（2）从 A 中任取点 p_i，设其邻域有 r 个点 p_{i+1}、p_{i+2}、…、p_{i+r}，任取二点与 p_i 组成一个平面 α_i，和过 p_i 作 α_i 的法线 n_{P_i}。

（3）找在 B 中到 n_{p_i} 距离小于 nD 的点 q_1、q_2、…、q_n，设 B 在 q_j（$1 \leqslant j \leqslant n$）邻域内各有 s 个点，从 s 中任取两点与 q_j 组成平面 β_j，过 q_j 作 β_j 法线 n_{qj}。

（4）当 $1 \leqslant i \leqslant r$，$1 \leqslant j \leqslant n$ 时，设 n_{pi} 和 n_{qj} 的最小夹角为 θ，给定 θ_{th} 为临界角，若 $\theta > \theta_{th}$，则返回（2）重换 p_i，否则设此时平面为 α_u（p_i、p_{i+u0}、p_{i+u+1}）、β_v（p_i、p_{i+v}、p_{i+v+1}）。

（5）过 p_i、p_{i+u}、p_{i+u+1} 分别向 β_v 作垂线，垂足为 q'_{pi}，q_{pi+u}，q_{pi+u+1} 距离为 d_i，d_{i+u}，d_{i+u+1}。

设 $d = \min$（d_i，d_{i+u}，d_{i+u+1}），则对应垂足 $q'_i \in \{q'_{pi}$，q_{pi+u}，$q_{pi+u+1}\}$ 为所求点，不断地用 q_i 去逼近 q_j，因而对于每一个 q_i 点存在 $e^i = \min | Tp_i - q'_j |^2$。

（6）判断收敛条件 $\dfrac{| e^{i+1} - e^i |}{N} < \xi$（$N$ 为实际迭代点 p_i 的数目）。

若此式成立，则认为已经达到要求精度。此时 $e = \sum\limits_{i=1}^{N} e^t = \sum\limits_{i=1}^{N} | T_{P_i} - q_i^2 |$ 达到最小，即整体拼接误差达到最小。用 P、Q 换 A、B，完成点云 P、Q 的拼接。

5.2.3.2 两种经典的 ICP 算法

Beal 和 Mckay 以及 Chen 和 Medioni 提出的 ICP 算法是点云配准的开创性工作，它为后续基于迭代的配准算法的发展提供了理论基础和框架。

A Besl 和 Mckay 的 ICP 算法

设 $P = \{p_i\}_{i=1}^{N_p}$，$X = \{x_i\}_{i=1}^{N_x}$ 为待配准的两片点云数据集合，ICP 算法首先对点集 P 中的每个点 p_i，搜索其在点集 X 上的最近点 y_i 作为对应点。设 $P = \{p_i\}_{i=1}^{N_p}$ 的对应点集为 $Y = \{y_i\}_{i=1}^{N_p}$，C 为求取对应点的操作，即：

$$Y = C(P, X)$$

算法建立如下误差测度：

$$f(q) = \frac{1}{N_P} \sum_{i=1}^{N_P} \| y_i - R(q_R) p_i - q_T \|^2 \tag{5-24}$$

然后，求解使得上述目标函数值最小的刚体变换向量 $q = [q_R \,|\, q_T]^T$，记作：

$$(q, d) = Q(P, Y)$$

式中　d——相应的均方误差，即 $d = f(q)$。

算法将求解得到的刚体变换作用到第一片点云数据上，记作 $q(P)$。ICP 算法迭代地进行该操作直到满足某一设定的收敛准则。

最小化式（5-23）建立的目标函数的方法有多种，例如四元数法、正交矩阵法、奇异值分解法以及对偶四元数法等。

Eggert 评估了上述方法的精确性和稳定性，表明采用任何一种方法都可以得到正确的匹配结果。

Besl 和 McKay 采用文献提出的四元数法求解刚体变换向量，首先构造如下，一个 4×4 的对称矩阵 $Q(\Sigma_{px})$

$$Q(\Sigma_{px}) = \begin{bmatrix} tr(\Sigma_{px}) & \Delta^T \\ \Delta & \Sigma_{px} + \Sigma_{px}^T - tr(\Sigma_{px})I_3 \end{bmatrix} \tag{5-25}$$

式中　tr——矩阵的迹；

　　　I_3——3 阶单位矩阵；

　　　$\Delta = [A_{23} \quad A_{31} \quad A_{12}]^T$，$A_{ij} = (\Sigma_{px} - \Sigma_{px}^T)_{ij}$；

　　　Σ_{px}——点集 P 与 X 的互协方差矩阵。

即：

$$\Sigma_{px} = \frac{1}{N_p} \sum_{i=1}^{N_p} [(p_i - \mu_p)(x_i - \mu_x)^T]$$

$$= \frac{1}{N_p} \sum_{i=1}^{N_p} [p_i x_i^T] - \mu_p \mu_x^T \tag{5-26}$$

式中　μ_p，μ_x——点集 P、X 的质心。

即：

$$\mu_p = \frac{1}{N_p} \sum_{i=1}^{N_p} p_i \tag{5-27}$$

$$\mu_x = \frac{1}{N_x} \sum_{i=1}^{N_x} x_i \tag{5-28}$$

矩阵 $Q(\Sigma_{px})$ 最大特征值对应的单位特征向量 $q_R = [q_0 \quad q_1 \quad q_2 \quad q_3]^T$ 即为用单位四元数表示的最优旋转变换，相应的旋转矩阵 $R(q_R)$ 和平移向量 q_T 可根据下面公式得到：

$$R(q_R) = \begin{bmatrix} q_0^2 + q_1^2 - q_2^2 - q_3^2 & 2(q_1 q_2 - q_0 q_3) & 2(q_1 q_3 + q_0 q_2) \\ 2(q_1 q_2 + q_0 q_3) & q_0^2 - q_1^2 + q_2^2 - q_3^2 & 2(q_2 q_3 - q_0 q_1) \\ 2(q_1 q_3 - q_0 q_2) & 2(q_2 q_3 + q_0 q_1) & q_0^2 - q_1^2 - q_2^2 + q_3^2 \end{bmatrix}$$

$$\tag{5-29}$$

$$q_T = \mu_x - R(q_T)\mu_p \qquad (5\text{-}30)$$

Besl 和 McKay 的 ICP 算法可以描述如下：

（1）初始化：$P_0: = P$，$q_0: = [1\ 0\ 0\ 0\ 0\ 0\ 0]^T$，$k: = 0$。

（2）计算近似点集 y_k 作为 p_k 的对应点集：$y_k = C(p_k, x)$。

（3）计算配准参数：$(q_k, d_k) = Q(p_0, y_k)$。

（4）将配准参数作用到 p_0 求得新的位置：$p_{k+1}: = q_k(p_0)$。

（5）若 d_k 的改变量小于给定的阈值 τ，即 $d_k - d_{k-1} < \tau$，则迭代终止；否则，$k: = k+1$，转（2）。

B　Chen 和 Medioni 的 ICP 算法

Chen 和 Medioni 提出了一种基于点面距离的 ICP 算法。对于第一片点云 P 上的任意一点 p_i，算法将该点的法向量与第二片点云数据 X 的交点作为对应点 y_i，并将点 p_i 到点 y_i 处切平面 S_i 的距离作为误差测度：

$$f = \frac{1}{N_p}\sum_{i=1}^{N_p} d^2[R(q_R)p_i + q_T, S_i] \qquad (5\text{-}31)$$

式中　$d(p,S)$——点 p 到平面 S 的距离。

Chen 等人还给出了一个求解直线和点云数据交点的算法。Gagnon 等人给出了一种更精确的计算点面距离的算法。一旦点面距离得到，就可以求解使得所有点面距离之和最小的刚体变换。与 Besl 和 McKey 的算法相比，该算法的缺点是点面距离计算比点点距离更复杂，且若法向信息没有事先给定，还需进行点的领域搜索以计算法向量；优点在于所需迭代次数较少，比较不容易收敛到局部极小值，并且受非重叠区域的影响相对较小。

Besl 和 McKey 以及 Chen 和 Medioni 的 ICP 算法尽管对应点对的匹配方式不同，相应的误差测度的定义也不同，但迭代模式具有一定的一致性，而且对于不同类型的点云数据，各自拥有一定的优点。两种算法是几乎同时被提出来的，因此国内外研究学者常将他们并列称为 ICP 算法的开山之作，本书后面也将这两种 ICP 算法统称为标准 ICP 算法。

ICP 算法精度较高，并且测量过程中不再需要反射体，使测量更加方便。但是迭代过程比较耗时，尤其是初值选择不当的话收敛速度会很慢，甚至出现发散的现象。

Site Studio 软件采用了这种拼接算法，为了加快迭代收敛速度，软件让用户以人机交互的方式在两块点云中先选择几个大体上是公共点的迭代初值点，这样迭代初值比较接近真实值，加快了收敛速度，缩短了算法的计算时间。

5.2.4　基于 ICP 算法的精细配准

将初始配准后的结果作为新的初始位置，利用 ICP 算法进行精细配准。基本的 ICP 算法是对第一片点云中的每一个点，在第二片点云中搜索距离最近的点作为对应点，然后求出配准所有对应点的所有三维变换，并将其作用到第一片点云数据上。算法通常设定某收敛准则，迭代地进行该操作直到满足这一收敛准则。

设经过初始配准后的两片点云数据为：

$$\bar{S}_1 = \{\bar{p}_i^1 \mid \bar{p}_i^1 \in R^3, i = 1, \cdots, N_1\}, \bar{S}_2 = \{\bar{p}_i^2 \mid \bar{p}_i^2 \in R^3, i = 1, \cdots, N_2\}$$
(5-32)

初始配准后的匹配点对数组为：

$$\text{MatchPts} = \{(\bar{q}_i^1, \bar{q}_i^2) \mid \bar{q}_i^1 \in S_1, \bar{q}_i^2 \in S_2, i = 1, \cdots, N\} \tag{5-33}$$

基本 ICP 算法要求待配准的两片点云数据在实际模型表面的对应部分必须存在包含关系，显然部分重叠的两片点云数据并不一定满足该条件。另外，基本 ICP 算法还要求待配准的两片点云数据的初始位置相差不能太大，否则不能得到理想的配准结果。故如何构造参与 ICP 算法的有效初始点集是非常重要的。该方法的基本思想是利用匹配点对数组确定点云 $\bar{S}_1$ 的子集，使得该子集近似包含于 $\bar{S}_2$，目前近似满足 ICP 算法关于初始点集包含关系的要求。然后对该 $\bar{S}_1$ 集中的每个平面点，在 $\bar{S}_2$ 中选取与其点曲率相似的点，由所有这样的点对构成 ICP 算法的两个初始点集，具体过程如下：

（1）首先确定点云 $\bar{S}_1$ 中近似包含于 $\bar{S}_2$ 的子集。设数组 MatchPts 中位于 $\bar{S}_1$ 中的点构成的集合 $\{\bar{q}_i^1\}$ 的包含盒为 B_1，位于 $\bar{S}_2$ 中的点构成的集合 $\{\bar{q}_i^2\}$ 的包含盒为 B_2。求两个包含盒的公共部分 $B = B_1 \cap B_2$，将 $\bar{S}_1$ 的子集 $P_1 = \bar{S}_1 \cap B$，$\bar{S}_2$ 的子集 $P_2 = \bar{S}_2 \cap B$ 视作两片点云的重叠部分，P_1 可近似作为 $\bar{S}_1$ 中包含于 $\bar{S}_2$ 的子集。

（2）$P_1 \in \bar{S}_1$ 中的每个非平面点 p，在 $\bar{S}_2$ 中选取满足式 $\begin{cases} \text{sign}(K(p_i^1)) = \text{sign}(K(p_j^2)) \\ \text{sign}(H(p_i^1)) = \text{sign}(H(p_j^2)) \end{cases}$, $\begin{cases} \mid K(p_i^1) \cdot H(p_i^1) \mid > \delta_1 \\ \mid K(p_j^2) \cdot H(p_j^2) \mid > \delta_2 \end{cases}$ 的点 x 作为其对应点。若 x 存在，则将 p、x 分别添加到集合 P、X 中。若 x 不止一个，则将所有 x 都添加到 X 中。

将最终得到的集合 $P_1 \in \bar{S}_1$ 和集合 $X \in \bar{S}_2$ 作为参与 ICP 算法的初始点集，设具有如下形式：

$$P = \{p_i \mid p_i \in \bar{S}_1, i = 1, \cdots, N_P\}, X = \{x_i \mid x_i \in \bar{S}_2, i = 1, \cdots, N_x\} \tag{5-34}$$

基于 ICP 算法的配准要求对 P 中任意点 $p \in P$，求其在 X 中的最近点作为对应点。将欧几里得距离最近点作为对应点，搜索 X 中距离 p 最近的三个点 x_0、x_1、x_2，将 p 在这三个点所在平面的垂足作为最近点。但是若垂足位于这三点构成的三角片的外面，则这种处理方法是不合理的。若构成的三角片 F 上距离 p 最近的点 p_s 作为最近点，就避免了这种情况的产生。整个过程使用 k-d 树加速，具体计算步骤如下：

（1）设 n_F 是 F 的单位法向向量，首先求出点 p 到 F 的所在平面的垂足 $p_x = p - d \cdot n_F$，其中 $d = n_F \cdot (p - x_0)$。

（2）计算垂足 p_x 关于 F 的中心坐标 (u, v, w)。若 $u, v, w > 0$，说明 p_x 位于 F 内部，则显然有 $p_s = p_x$；否则，p_x 位于 F 外面，在这种情况下在 F 的顶点或边上寻找最近点。定义变量 $l_i = |x_{i+1} - x_i|, e_i = (x_{i+1} - x_i) / l_i, v_i = p_x - x_i, l_e = v_i \cdot e_i$，定义指标

$$i = \begin{cases} 1, & \text{若 } u < 0 \\ 2, & \text{若 } v < 0 \\ 0, & \text{若 } w < 0 \end{cases} \tag{5-35}$$

则有

$$p_s = \begin{cases} x_{i+1}, & \text{若 } l_e \geqslant l_i \\ x_i, & \text{若 } l_e \leqslant 0 \\ x_i + e_i l_e, & \text{若 } 0 < l_e < l_i \end{cases} \tag{5-36}$$

运用改进的 ICP 算法进行精细配准的主要步骤如下：

（1）按照前述方法构造参与 ICP 算法的两个初始点集，分别记作 P 和 X；设定阈值 $\tau > 0$；

（2）初始化：$P_0 = P$，$k = 0$；

（3）设 $P_k = \{p_{ik}\}$，对 P_k 中的每点，按照前述方法计算其在 X 中的最近点，将所有最近点构成的集合记作 $Y_k = \{y_{ik}\}$；

（4）计算 R_k 和 T_k，使 $d_k = (\sum_{i=1}^{N_p} |y_{ik} - (R_k p_{i0} + T_k)|^2) / N_p$ 最小。这里采用四元数（Quaternion）算法求解，详见参考文献[36]；

（5）对 P_0 进行变换，得到 $P_{k+1} = R_k P_0 + T_k$；

（6）$k := k + 1$，若 $k = 1$，转（3）；若 $k \geqslant 2$，且 $|d_k - d_{k+1}| < \tau$，则迭代终止并转（7），否则转（3）；

（7）R_k、T_k 即为所求的精细配准参数，将其作用到初始配准后的第一片点云数据 $\bar{S}_1$ 上，精细配准结束。

5.2.5　利用标定物拼接

有一部分测量仪和软件是依靠测量时不同点云块之间的标定物进行拼接的，一般标定物对激光的反射率比较高，可以比较容易的在测量时获取其空间位置。这样两块点云中只要有四个公共的标定物也就相当于有了四个公共点，即可计算变换矩阵。

如图 5-7 所示，在两个测量位置都测量到了四个标定物。计算标定物之间的空间距离和夹角，这样两个测量位置的标定物就可以一一对应起来，然后就可以

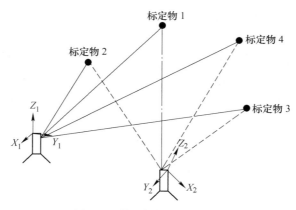

图 5-7   利用标定物拼接原理

通过解线形方程的办法计算转换矩阵。Riegl LMS-Z210i 就是这种工作原理，这样拼接时，两块点云 P、Q 的公共标定物不能在同一条直线上，否则线性方程组的解不唯一。

这种方法的优点是速度快，解一组线形方程组就可以了。缺点是误差比较大，标定物有一定体积，这就需要根据标定物外形计算其几何中心，即使是圆柱、球体等非常对称的几何体也很难保证在室外复杂的环境中表面反射率仍然一致，因此在计算其几何中心时会产生误差，同时测量标定物时也不可避免的产生误差，所以这种方法精度不高。

5.2.6   点云配准示例

（1）导入点云数据。在主菜单选择【文件】—【打开】或单击工具栏上的"打开文件"图标，弹出"导入文件"对话框，选择打开文件 1，显示在工作区。

在菜单栏中选择【文件】—【导入】，弹出"打开文件"对话框，选择打开文件 2，此时两个点云同时显示在工作区（如图 5-8 所示）。

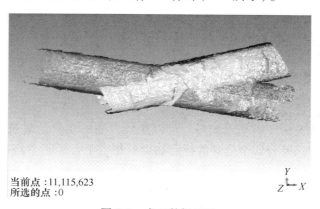

当前点：11,115,623
所选的点：0

图 5-8   点云数据显示

（2）手动注册点云。按住 Ctrl 键同时选中两个点云，确保需要注册的点云处于选择状态下。选择菜单栏【对齐】—【手动注册】，在模型管理器中弹出【手动注册】对话框（如图 5-9 所示）。

图 5-9　点云数据手动注册

在"模式"中选择"n 点注册"方式，根据选择的多个特征点进行数据注册，精度比较高。

在"定义集合"的"固定"复选框中选择固定模型的名称"1"，单击该名称后该模型会显示在工作区的固定窗口以红色加亮显示。

在"浮动"复选框中选择浮动模型的名称"2"，单击其名称后该模型会显示在工作区的浮动窗口以绿色显示。

调整固定窗口和浮动窗口点云的形态以便下一步寻找公共特征点。

　　首先，在固定视图上点击三个标靶球，然后再在浮动视图上选取这三个点。此时，前视窗模型就按照一定的方式自动对齐，此时可以预览拼接完成后的状况（如图 5-10 所示）。如果效果不理想，可以在"操作"复选框中点击"清除"重新选择公共特征点。单击"注册器"自动完成数据注册，完成后单击"确定"退出命令。

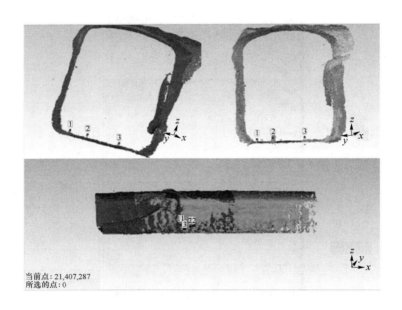

当前点：21,407,287
所选的点：0

图 5-10　不同点云数据拼接

　　（3）全局注册。由于手动注册后，点云之间的定位还存在一定的误差，这就要求对手动注册的点云进行一次全面的、整体的位置调整，即进行全局注册。它可以对点云模型进行重新定位，以更完好的方式进行拼接注册。

　　选择菜单【对齐】—【全局注册】，弹出"全局注册"对话框（如图 5-11 所示）。

　　在"控制"复选框中设置"最大迭代次数"为 10，单击"应用"即开始自动注册。注册完成后单击"确定"退出命令。

　　（4）合并数据。选择菜单【点】—【联合】—【联合点对象】，弹出如图 5-12 所示对话框。

　　单击"应用"开始联合，联合结束后单击"确定"退出命令。

　　（5）保存文件。此时已经完成了点云的拼接工作，应进行保存，以进行下一步的实体建模。

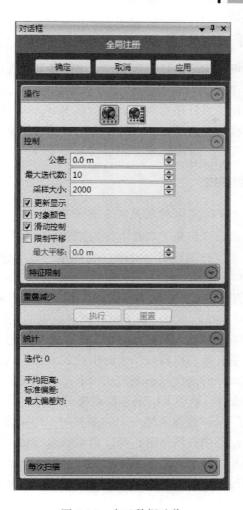

图 5-11 点云数据迭代

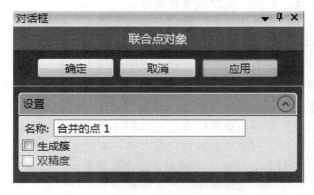

图 5-12 点云数据合并

5.3 点云数据三维可视化

目前，实现点云可视化的途径有两个：一个途径是直接使用现有软件，通常三维激光测量仪均自带控制软件及点云处理软件，控制软件大多有测量预览功能，均可以实现可视化，另外还有商业软件例如 Polywork、Geomagic 等这些软件多用于点云的逆向工程产品建模方面；另一个途径是高校及研究院通过软件开发实现点云可视化，开发了三维激光数字测量仪及相关软件。

5.3.1 点云曲面三维重构

5.3.1.1 基于点云的空间对象无约束表面重建

给定空间中的离散采样点集 $P \subset R^3$，构造曲面 S，使得所有采样点 $v_i \in P$ 位于曲面 S 上，或者与 S 之间满足某个准则（如最小二乘准则），这一过程被形象地称之为表面重建。

根据离散采样点集 $P \subset R^3$ 获取方式不同，相应地可以将表面重建划分为以下三种类型（Hoppe，1992）：（1）基于深度测量数据的表面重建；（2）基于切片数据的表面重建；（3）基于无组织采样点集的表面重建。理论上来说，借助于采样数据的内在联系，将取得较好的表面重建效果及较高的表面重建效率，但在实际应用中，采样数据的内在联系通常比较混乱，利用前两种表面重建方法难以正确地重建采样曲面 S。基于无组织采样点集的表面重建方法，不需要考虑采样数据的内在联系，当采样数据满足一定的要求时，即可重建出采样曲面 S。此外，当不考虑采样数据的内在联系时，深度测量数据与切片数据均可转化为无组织采样数据，不难得知，基于无组织采样点集的三维表面重建方法，对于深度测量数据及切片数据均适用。因此，本书应用了具有一般意义的基于无组织采样点数据的三维表面重建方法。

根据表面重建过程中所采纳的不同算子，还可以将其划分为以下四种类型：雕塑法、隐函数法、表面生长法、收缩包装法。其中，雕塑法建立在三维 Delaunay 三角剖分的基础之上，它是二维 Delaunay 规则在三维空间中的有效扩展和延伸，有着严格的理论证明，但表面重建过程中涉及大量的分析与计算，重建相当耗时，且在表面提取过程中很容易出现差错，造成空洞和非流形表面的出现；隐函数法的表面重建效率相对于雕塑法来说要高，但为了保证表面重建的正确性，法向一致化过程中，需要构造采样点数据的黎曼图，并对其进行遍历，从而降低了算法的运行效率；表面生长法通过投影变换，有效地将三维表面重建问题转化为二维 Delaunay 三角剖分问题，从而一方面降低了算法的复杂度，另一方面又保证了重建模型的质量；收缩包装法的基本思想是首先估算各采样点对采样表面的影响，并赋予其相应的权值，在重建过程中，根据权值从大到小逐个将采样点插入的待建模型中，这样做的优点是可以根据需要构建相应的 LOD 模型。然而，由于表面重建过程中涉及采样点排序、权值重新计算等复杂度较高的操作，加大了模型重建的计算量，降低了算法的运行效率。

本书采用一种基于 Delaunay 规则的无组织采样点集增量式表面重建方法，通过将局部采样点投影到局部拟合切平面上，利用 Delaunay 规则对投影点进行约束三角剖分，并将剖分得到的采样点连续关系映射到三维空间中，即可得到采样点之间的拓扑邻接关系，实现采样曲面 S 的表面重建。

A 顶点类型划分

表面重建过程中，需要对顶点进行类型划分。本算法实现过程中，将顶点区分为以下几种类型：FREE，FRINGE，BOUNDARY，COMPLETED。

FREE：即自由顶点，指未经任何处理的顶点，即其没有任何的相邻三角形。

PRINGE：参与过三角化过程，但目前为止尚不能确定是否还有其他的相邻三角形的顶点。

BOUNDARY：与标记为 FRINGE 的顶点相反，这一类顶点位于曲面 S 的边缘部分，或者位于采样空洞的边缘部分，并且已经参与了所有可能的三角化过程。

COMPLETED：参与了所有可能的三角化过程，并且该顶点周围通常已经形成了一个闭合的三角面片环。

B k-邻域

合理确定采样点 v 的拓扑 k-邻域是表面重建的重要环节，决定着重建表面是否与原始采样曲面相一致。由于输入数据仅仅是离散采样点的位置特征信息，因此，寻找相邻采样点的唯一方法是通过距离规则来实现。搜索采样点 v 的拓扑 k-邻域的最一般方法是计算顶点 v 与采样点集合 P 中的所有采样点之间的距离，取 k 个距离最近的采样点构成 v 的拓扑 k-邻域。针对数字城市建设过程中所面临的庞大数据量，为了加速相邻顶点的搜索速度，采用了如下方案：

将采样点所在的空间划分成 n 个包围盒，并将所有采样点分配到相应的包围盒之中。包围盒的边长取值通过以下公式计算得到：

$$W_c = \sqrt[3]{\frac{W_x \times W_y \times W_z}{N_v}} \tag{5-37}$$

计算采样点 v 所在的包围盒，并且在此包围盒及其相邻包围盒之中寻找采样点 v 的 k 个邻近采样点。

k 值的合理确定是表面重建算法的关键：一方面，它关系到重建模型的表面光滑度；另一方面，它的合理选择也同样关系到自动边缘检测的正确性。根据本算法的测试结果来看，k 值的合理取值范围在 6～15 之间。当 k 值较小时，重建的三角面片容易取得较好的结构，表面重建的质量较好，但当采样密度不均匀时，可能会造成漏洞的产生；随着 k 值的增大，可以有效地避免漏洞的产生，但是随之带来的负面效果也很明显：狭长三角面片开始出现，重建表面的质量有所下降。本算法的实现中，k 值根据采样密度认为指定。

C   切平面拟合

表面重建过程中，为了得到采样点 v 及其相邻采样点（记作 $N(v)$）之间拓扑邻接关系，需要将集合 $N(v)$ 中的所有元素投影至一个二维平面上，在二维空间中对投影点实施约束 Delaunay 三角剖分，并将剖分得到的采样点连接关系映射到三维空间中，实现曲面 S 的局部拓扑重建。重建表面的质量在很大程度上取决于投影平面的选择，投影平面选取不当，在很大程度上可能会造成重建表面的空间自相交，因此，合理选择投影面，对于提高表面重建的效果，有着至关重要的作用。在这里，选择过 $N(v)$ 质心的切平面 $T_p(v)$ 作为投影面。切平面法向 n 通过主成分分析方法计算得到，步骤如下：（1）计算 $N(v)$ 的质心 σ；（2）构建 $N(v)$ 的协方差矩阵 $M_c = \sum_{y \in N(v)} (y - \sigma) \otimes (y - \sigma)$；（3）计算协方差矩阵的特征值和特征向量，选择最小特征值对应的特征向量作为切平面的法向。

D   法向一致化处理

利用主成分分析方法计算得到的采样点法向的方向具有随机性，如位于同一平面上的两个不同的采样点其法向方向可能会相差180°，为了保证重建结果的正确性，满足诸如布尔运算、表面绘制等应用需求，有必要对采样点法向进行一致化处理。

Hoppe 提出了一个较为优秀的法向一致化方法（Hoppe，1992），该方法首先依据采样点相互间的几何邻近关系构建黎曼图，并基于深度优先的顺序遍历该黎曼图，在遍历过程中实现法向的传播与一致化处理，使得经法向一致化处理后的离散采样点集 P 中各采样点处的法向与采样曲面 S 相对应的法向量基本重合，然而，源于构建和遍历黎曼图的工作量较大，降低了表面重建的效率。

为了降低算法的复杂度，提高表面重建的效率，本节算法在构建表面的同时实现法向量的传播与一致化处理，省去了计算量较大的黎曼图的构建与遍历过程，方法如下：设顶点 v_0 被选择为新构建三角面片的第三个顶点，计算新构建的三角面片法向 n_t，并计算其与顶点 v_0 处切平面法向 n_{v_0} 之间的夹角，如果 $n_t \cdot n_{v_0} > 0$，则保持顶点 v_0 处切平面法向 n_{v_0} 不变，否则，将切平面法向倒置（$- n_{v_0}$）。

E   坐标系统转换

求得了采样点 v 处的近似切平面，即可将采样点 v 及其相邻采样点（记作 $N(v)$）投影至切平面 $T_p(v)$ 上，建立局部二维平面坐标系，方法如下：局部坐标系的坐标原点取切平面原点 σ，即 $N(v)$ 的质心；在切平面内寻找两个单位正交向量 b_1、b_2 分别作为局部坐标系的 x_l，y_l 坐标轴方向。步骤如下：

求解和 n 正交的单位向量 a：

$$a = \begin{cases} \dfrac{1}{n_x}\big[-(n_y + n_z), n_x, n_y\big], n_x \neq 0 \\[2mm] \dfrac{1}{n_y}\big[n_y, -(n_x + n_z), n_y\big], n_y \neq 0 \\[2mm] \dfrac{1}{n_z}\big[n_z, n_z - (n_x + n_y)\big], n_z \neq 0 \end{cases} \tag{5-38}$$

单位向量 b_1 利用如下公式求解:

$$b_1 = \frac{a}{\|a\|} \tag{5-39}$$

其中: $\|a\| = \sqrt{a \cdot a}$。

单位向量 b_2 定义为 n 与 b_1 的差乘:

$$b_2 = n \times b_1 \tag{5-40}$$

计算 $N(v)$ 中所有采样点到切平面 $T_p(v)$ 的有向距离 $d_j(j = 0, 1, \cdots, n_1)$:

$$d_j = \text{dist}[y_j, T_p(v)] = \frac{A x_j + B y_j + C z_j + D}{\sqrt{A^2 + B^2 + C^2}} \tag{5-41}$$

将 $N(v)$ 中所有采样点投影到切平面 T_p 上,投影点坐标向量:

$$y_j^{(p)} = y_j - d_j \cdot n \tag{5-42}$$

将 $y_j^{(p)}$ 改化到局部坐标系中:

$$(u_i, u_j)^{\text{T}} = (d_j \cdot b_1, d_j \cdot b_2)^{\text{T}} \tag{5-43}$$

其中, $d_j = y_j^{(p)} - v_n$, (u_j, v_j) 即投影点在局部坐标系中的坐标。

至此,完成了 $N(v)$ 中所有采样点的坐标转换,将三维空间中的表面重建问题转化为二维 Delaunay 三角化问题。

F 顶点选择

为了避免重建表面的空间自相交,需要进一步对顶点 v 的相邻顶点进行筛选,剔除不满足要求的顶点,从而保证表面重建的质量,步骤如下:

(1)对相邻顶点按照其与 x_l 之间的夹角由小到大排序。

(2)位于同一方向(即与 x 轴夹角相同)的多个顶点,仅保留距离顶点 v 最近的一个,其余的均剔除。

(3)根据可见性判断对所有相邻顶点进行测试,如果顶点 v 与某个相邻顶点 $v_i^{(n)}$ 相互不可见,则将 $v_i^{(n)}$ 从相邻顶点集合中剔除。

(4)至此,剩余的相邻顶点均可参与三角化过程。

为了进行可见性判断,需要计算每个顶点的可见区域。可见区域定义如下:遍历顶点 v 的相邻边集合,如果某相邻边另一个顶点的当前状态标记为 FRINGE 或 BOUNDARY,则定义该相邻边作为起始测量线并按照逆时针方向进行测量,在遇到下一条相邻边之前,如果测量线与顶点 v 的相邻三角形集合的交集为空,并且下一条相邻边的另一个顶点状态亦标记为 FRINGE 或 BOUNDARY，则定义测量线所经过的扇形区域为可见区域。如图 5-13 所示，顶点 v_R 的可见区域为沿连线 $v_R v_1^{(n)}$ 逆时针旋转，至连线 $v_R v_1^{(n)}$ 所扫过的扇形区域。

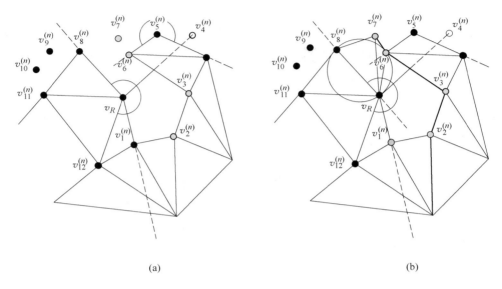

(a)   (b)

图 5-13   顶点选择与三元化
（a）可见性判断；（b）三元化

可见性判断包括三个步骤：（1）相邻顶点 $v_i^{(n)}$ 是否位于顶点 v 的可见区域内；（2）v 是否位于所有相邻顶点的可见区域内；（3）顶点 v 与相邻顶点 $v_i^{(n)}$ 之间是否通识。如图 5-13 所示，v_R 表示当前顶点，$v_i^{(n)}$（$i=1，2，\cdots，12$）表示顶点 v_R 的相邻顶点，其中，黑色表示该相邻顶点不在 v_R 可见区域内，不能参与三角化过程；灰色表示该相邻顶点位于 v_R 可见区域内且可以参与三角化过程；白色表示该相邻顶点位于 v_R 可见区域内，但是由于其不满足通视条件，因此，不参与三角化过程。

（1）相邻顶点 $v_i^{(n)}$ 是否位于顶点 v_R 的可见区域内。如图 5-13（a）所示，顶点 v_R 的可见区域为两条虚线所围成的区域，顶点 $v_4^{(n)}$，$v_5^{(n)}$，$v_9^{(n)}$，$v_{10}^{(n)}$，$v_{11}^{(n)}$，$v^{(n)12}$，均位于顶点的可见区域之内，因此，不参与三角化过程，将其从相邻顶点集合中剔除。

（2）顶点 v 是否位于所有相邻顶点的可见区域内。如图 5-13（a）所示，$v_5^{(n)}$ 位于顶点 v_R 的可见区域内，但是由于顶点 v_R 位于 $v_5^{(n)}$ 的可见区域之外，因此，将其从相邻顶点集合中剔除，否则，将导致重建表面的空间自相交。

（3）顶点 v_R 与相邻顶点之间是否通视。所谓通视，是指将顶点 v 及其相邻顶点集合投影至切平面上之后，边（v_R，$v_i^{(n)}$）不和已有的任意一条边相交（顶点处相交除外）。如图 5-13（a）所示，顶点 v_R 与相邻顶点 $v_4^{(n)}$ 分别位于各自的可见区域内，但是由于二者不通视（不可见的视线部分在图中用虚线来表示），因此，仍然需要将 $v_4^{(n)}$ 从相邻顶点集合中剔除。

G　Delaunay 三角剖分

二维情况下，满足 Delaunay 规则的三角剖分具有如下优点：（1）最小内角最大化；（2）任意三个离散点构成的 Delaunay 三角形及其外接圆中不包含其他采样顶点；（3）构建的三角网具有唯一性，不随起始点的不同而变化。据此，已经提出了很多算法，可以有效应用与 2 维或 2.5 维离散采样点的三角化。

分析已有工作不难看出，应用 Delaunay 规则对 2 维或 2.5 维离散采样点集进行三角剖分虽然使得生成的格网具有唯一性，但这通常是以损失网格的质量为代价的，位于格网边缘部分的三角面片通常图形结构差，给应用带来不便，因此，在满足应用需求的前提下，构建格网的唯一与否并没有太大的意义。

在本书工作中，采用如下方法进行曲面 S 的局部表面重建：构建 3.4.6 的筛选结果，直接连接顶点 v_R 及其相邻顶点，构建初始三角网，为了避免狭长三角形的生成，根据 Delaunay 规则的空外接圆特性采用边交换操作对初始三角网进行局部优化，使得其在切平面上满足 Delaunay 规则，从而有效提高重建模型的质量。

5.3.1.2　基于特征约束的空间对象表面重建

基于表面生长的拓扑重建算法有着复杂度低、运行效率高等优点，然而，其自身也存在着不容忽视的弊端：法向一致化构成中，对法向传播路径的选择缺乏考虑，使得当生长边与某一特征边（Sharp Feature Edge）相重合时，将会出现法向的错误传播问题，进而影响表面重建的效果。现实世界中的地理实体形态各异、千变万化，绝大部分人工建构筑物有着轮廓分明的特点，当利用本节前面介绍的基于点云的空间对象无约束表面重建方法对其点云数据进行处理时，部分情况下重建结果的正确性很难得到保证。究其原因在于表面重建过程中无法有效识别特征明显区域，从而限制了表面生长法的应用范围。能否在表面重建过程中顾及特征提取的结果，即利用特征提取结果来对表面重建过程进行指导和约束，是本研究的基本目的。

基于特征约束的表面重建算法其基本思想源于表面生长法，但在生长过程中顾及了特征提取结果的影响，从而避免了传统的表面生长法在表面重建过程中的法向传播错误问题。利用特征提取结果对表面重建过程进行指导和约束，主要表现在可见性判别、顶点选择、法向一致化等三个步骤中。

A　可见性判别

可见区域是可见性判别的重要依据，有关可见区域的定义可参照如下标准执行：遍历顶点 v 的相邻边集合，定义 v 为测量线原点、任一相邻边所在方向为起始测量线，按照逆时针方向旋转进行测量，在遇到下一条相邻边之前，如果测量线与顶点 v 的相邻三角形集合的交集为空，则定义测量线所经过的扇形区域为采样点 v 的可见区域。根据上述标准，如图 5-14（a）所示，采样点 $v_1^{(R)}$ 的可见区域定义为沿连线 $v_1^{(R)} v_1^{(n)}$ 逆时针旋转，至连线 $v_1^{(R)} v_8^{(n)}$ 所扫过的扇形区域。

可见性判别为顶点选择提供了重要依据，在顾及可见区域的基础上，充分考虑了表面重建过程中特征边的影响。其中，特征边的约束规则制定如下：表面重建之后，约束边必须作为重建结果的一部分，且不与任和边相交。可见性判别包括三个基本步骤：（1）相邻顶点 $v_i^{(n)}$ 是否位于顶点 $v_1^{(R)}$、$v_2^{(R)}$ 的可见区域内；（2）$v_1^{(R)}$、$v_2^{(R)}$ 是否位于相邻顶点 $v_i^{(n)}$ 的可见区域内；（3）顶点 $v_1^{(R)}$、$v_2^{(R)}$ 与相邻顶点 $v_i^{(n)}$ 之间是否通视。如图 5-14 所示，$v_1^{(R)}$、$v_2^{(R)}$ 表示当前边上的两个顶点，$v_i^{(n)}$（$i=1$，2，…，12）表示顶点 $v_1^{(R)}$、$v_2^{(R)}$ 的相邻顶点，加粗线段表示约束边，遍历 $v_i^{(n)}$（$i=1$，2，…，12），利用可见性判别准则对相邻顶点 $v_i^{(n)}$（$i=1$，2，…，12）进行选择。具体实现如下：

（1）相邻顶点 $v_i^{(n)}$ 是否位于顶点 $v_1^{(R)}$、$v_2^{(R)}$ 的可见区域内。如图 5-14（a）所示，顶点 $v_1^{(R)}$、$v_2^{(R)}$ 的可见区域分别为两条虚线所围成的区域，顶点 $v_1^{(n)}$，$v_9^{(n)}$，$v_{10}^{(n)}$，$v_{11}^{(n)}$，$v_{,12}^{(n)}$ 均位于 $v_1^{(R)}$、$v_2^{(R)}$ 的可见区域之外，因此，不满足构建三角面片条件，将其从相邻顶点集合中剔除（图 5-14 中用黑色顶点表示）。

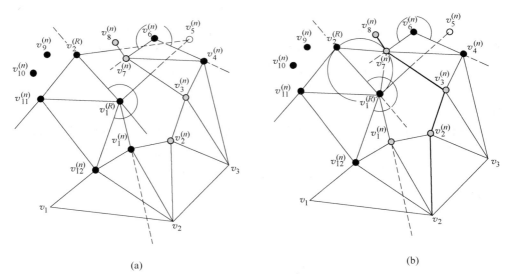

(a)   (b)

图 5-14 顶点选择与三角化

(a) 可见性判断；(b) 三角化

（2）$v_1^{(R)}$、$v_2^{(R)}$ 是否位于相邻顶点的可见区域内。如图 5-14（a）所示，$v_4^{(n)}$，

$v_6^{(n)}$ 位于顶点 $v_1^{(R)}$、$v_2^{(R)}$ 的可见区域内，但是由于顶点 $v_1^{(R)}$、$v_2^{(R)}$ 位于 $v_4^{(n)}$ 的可见区域之外，$v_4^{(n)}$ 位于 $v_6^{(n)}$ 的可见区域之外，不满足可见性判别准则，因此，将 $v_4^{(n)}$，$v_6^{(n)}$ 从相邻顶点集合中剔除（图 5-14 中用黑色顶点表示）。

（3）顶点 $v_1^{(R)}$、$v_2^{(R)}$ 与相邻顶点之间是否通视。所谓通视，是指将顶点 $v_1^{(R)}$、$v_2^{(R)}$ 及其相邻顶点集合投影至切平面上之后，边（$v_1^{(R)}$，$v_i^{(n)}$）、（$v_2^{(R)}$，$v_i^{(n)}$）不和已有的任意一条边（包括构建边和约束边）相交（顶点处相交除外）。如图 5-14（a）所示，顶点 $v_1^{(R)}$、$v_2^{(R)}$ 与相邻顶点 $v_5^{(n)}$ 分别位于各自的可见区域内，投影之后，边（$v_1^{(R)}$，$v_5^{(n)}$）分别与约束边（$v_7^{(n)}$，$v_3^{(n)}$）以及构建边（$v_4^{(n)}$，$v_7^{(n)}$）、（$v_4^{(n)}$，$v_6^{(n)}$）相交，边（$v_2^{(R)}$，$v_5^{(n)}$）分别与约束边（$v_7^{(n)}$，$v_8^{(n)}$）以及构建边（$v_6^{(n)}$，$v_7^{(n)}$）、（$v_4^{(n)}$，$v_6^{(n)}$）相交，不满足通视条件（不可见的视线部分在图中用虚线来表示），因此，需要将 $v_5^{(n)}$ 从相邻顶点集合中剔除（图 5-14 中用灰色顶点表示）。

综上，利用可见性判别准则对 $v_1^{(R)}$、$v_2^{(R)}$ 的相邻顶点进行选择，仅顶点 $v_2^{(n)}$、$v_3^{(n)}$、$v_7^{(n)}$、$v_8^{(n)}$ 符合构建三角片面条件（图 5-14 中用灰色顶点表示）。

B 顶点选择

顶点选择是基于表面生长的拓扑重建算法的关键，顶点选择算法的优劣将直接决定重建表面的质量。为了保证重建表面的流形特征，本书利用可见性判别准则对相邻顶点进行选择，不仅顾及了特征边对表面重建的过程的指导和约束作用，且有效地避免了重建表面的空白自相交，为表面重建的正确性和有效性提供了保证。设当前边为 E_{cur}，其首尾两个顶点分别为 $v_1^{(R)}$、$v_2^{(R)}$，顶点 $v_1^{(R)}$、$v_2^{(R)}$ 的相邻顶点集合分别为 $N_{v1}^{(R)}$、$N_{v2}^{(R)}$，顶点选择的步骤如下：

（1）构建局部坐标系。选择过当前边 E_{cur} 的中点，法向平行于顶点 $v_1^{(R)}$、$v_2^{(R)}$ 处法向之和的平面作为投影平面，在投影平面上构建局部坐标系。

（2）求 $N_{v1}^{(R)}$、$N_{v2}^{(R)}$ 的交集，记为 $N_{v12}^{(R)}$，并将 $N_{v12}^{(R)}$ 中的所有顶点投影之局部切平面上，计算其在局部坐标系中的坐标。

（3）遍历集合 $N_{v12}^{(R)}$ 中所有顶点，利用可见性判别准则对其进行判断，如果返回结果为 false，则将其从 $N_{v12}^{(R)}$ 中剔除。

（4）如果 $N_{v12}^{(R)}$ 为空，返回 -1，表明无法成功构建三角片面；否则转（5）。

（5）遍历 $N_{v12}^{(R)}$ 中的所有顶点，选择一个与顶点 $v_1^{(R)}$、$v_2^{(R)}$ 之间夹角最大的顶点构建三角片面。

C 法向一致化

利用主成分分析方法计算得到的顶点法向是随机的，如位于同一平面上的两个不同的采样点其法向方向可能会相差 $180°$，为了保证重建结果的正确性，有必要对采样点法向进行一致化处理。在本书的算法实现中，法向一致化处理区分为两种情况分别进行：采样点法向一致化与三角面片法向一致化。

采样点法向一致化主要针对表面重建过程中特定曲面片内部的法向一致化，这类操作通常伴随着表面重建过程一起进行，为表面重建的正确性提供保障，方法如下：设顶点 v_0 被选择为新构建三角面片的第三个顶点，计算新构建的三角面片法向 n_t，并计算其与顶点 v_0 处切平面法向 n_{v0} 之间的夹角，如果 $n_t \cdot n_{v0} > 0$，则保持顶点处切平面法向不变，否则，将切平面法向倒置（$-n_{v0}$）。

考虑特征约束的表面重建通常需要沿特征线将复杂表面划分为若干个单独的分块曲面，并分别对其进行处理，然而，这种方法无法保证分块曲面的法向与原始采样曲面保持一致，为了满足后续的运算如布尔运算、表面绘制等，需要根据三角面片的相邻关系对所有三角面片的法向进行一致化处理。源于三角面片的法向与顶点排列顺序之间遵循右手定则（或左手定则），因此，三角面片法向一致化即可转变为三角面片顶点的有序排列问题。给定三角面片的相互邻接关系，法向一致化过程中无须顾及特征边的约束，取三角网格模型中的任意一个三角面片作为起点，通过构建三角面片的三条边，实现其相邻三个三角面片的顶点的有序排列，依次循环递归，即可实现三角面片法向的一致化。

D　算法流程

综合上述算法思想，基于特征约束的点云数据增量式表面重建方法的基本流程如下：

（1）拓扑 k-邻域搜索。

（2）几何属性分析与计算。

（3）基于 MST 的特征线提取：

1）通过曲率极值法提取所有可能的特征采样点。

2）利用 Kruskal 算法对提取的特征采样点构建最小生成树，确定相邻特征点之间的连接关系。

3）利用 MST 剪裁算法对构建的 MST 进行剪裁，得到最终的特征提取结果。

（4）表面重建：

1）采样点状态初始化。根据提取的特征线，设定包含在特征线中的采样点为特征点，否则为非特征点；设定所以顶点的访问状态为 false。

2）起始点选择。遍历所有的采样点，寻找访问状态为 false，平均曲率最小且为非特征点的一个采样点作为起始点。

3）构建第一个三角面片。

4）三角形合法性判断。判断构建的三角面片投影到局部坐标系之后是否与特征边相交，如果是，转 3）；否则，设定三角面片的三个顶点访问状态为 true，重新计算三角面片三个顶点的可见区域，寻找新构建三角面片中的非特征边，并利用其作为扩展边，建立扩展边链表-candEdges。

5）遍历-candEdges，根据5.3.1.2中B节所介绍的顶点选择方案选择第三个顶点构建新的三角面片，设定新加入的顶点状态为 true，重新计算新构建三角面片三个顶点的可见区域，如果新构建三角面片的两条新边为非特征边，将其插入到-candEdges尾部。

6）重复步骤5），直至-candEdges为空。

（5）法向一致化。根据三角面片的相邻关系，利用三角面片法向一致化对构建的表面模型进行法向一致化处理。

表面重建过程中，需要认为确定的参数只有 k，且该参数的设定相对简单；在特征提取过程中，曲率阈值及 MST 裁剪算法的分支长度阈值均根据相关统计结果给出了初始值，并允许用户根据需要实现交互式修改，直至用户满意为止，因此有理由认为算法的灵活性及自动化程度较高。在内存消耗和速度方面，提出的两种表面重建算法是一种基于局部判别规则的增发式表面重建算法，通过实验及分析不难看出，与雕塑法、收缩包装法以及隐函数法相比，算法在内存消耗、重建效率等方面有着无可比拟的优越性。

任何一种算法都有其特定的适用范围。当采样数据不满足算法的要求时，即有可能得到与期望相反的结果。因此，为了保证重建的效果，使得采样数据尽量满足算法要求是必须的，重建过程中辅以适量的人工干预（如参数设定、表面模型的编辑与修改等），将会取得更好的表面重建效果。

5.3.2 NURBS 曲面拼接传统算法

曲面拼接质量对点云数据的三维可视化、计算体积以及分析采场/巷道的稳定性的结果有着相当大的影响。如果曲面拼接误差过大甚至发生了错误，那么计算得到的体积以及分析得到的采场/巷道的稳定性结论将是毫无意义的。

曲面拼接是将一曲面（称之为父面）按一定方向延伸至另一曲面（称之为母面），并使这一延伸曲面本身与父面、母面在连接处满足一定的光滑条件，按此方法生成的延伸曲面我们称之为拼接曲面。

广义地讲，父面向母面延伸的可以不沿父面边界线延伸，而可以沿父面上任一条剖面线延伸，但在实际中这种广义的拼接并不常见。

拼接曲面的生成基于原始曲面的生成方法，这种处理方式有"承前启后"的作用，既利用原有生成曲面工具（各种子程序和函数），又可以使生成的曲面类型统一，便于将来统一处理。目前 NURBS 曲面拼接传统算法应用的比较成熟。

5.3.2.1 算法流程

算法流程如图 5-15 所示。

5.3.2.2 控制顶点、节点矢量和权因子的求取

A 控制顶点的求取

控制顶点是一个点的列表，是用于控制曲线形状的一组多边形，改变

NURBS 曲线形状的最简单的方法就是移动控制点。每个控制点都带有一个数字，这个数字称为权值。控制顶点的求取方法如下：

（1）$n+1$ 个数据点可以用插值函数求出，数据点 p_i，$i=0$，1，$\cdots$，n 的插值函数如下：

$$p(u) = \sum_{j=i-3}^{i} d_j N_{j,3}(u) \quad u \in [u_i, u_{i+1}] \subset [u_3, u_{n+3}]$$

$$(5-44)$$

（2）将曲线定义域 $u \in [u_3, u_{n+3}]$ 内的节点值依次代入方程，即：

$$\vec{p}(u_{i+3}) = \sum_{j=i}^{i+3} \vec{d_j} N_{j,3}(u_{i+3})$$
$$= \vec{p_i} \; u \in [u_{i+3}, u_{i+4}] \subset [u_3, u_{n+3}] \; i$$
$$= 0,1,2,\cdots,n$$

$$(5-45)$$

（3）采用周期三次 B 样条闭曲线，有 $d_{n+i} = d_i$，$i=0$，1，2，即 $d_n = d_0$，$d_{n+1} = d_n$，$d_{n+2} = d_2$。上式中有 N 个数据点，可以列出 N 个方程求解出 N 个未知控制点，这 N 个方程可写成如下矩阵形式：

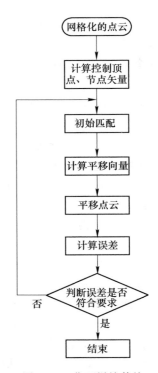

图 5-15   曲面拼接传统
算法流程

$$\begin{bmatrix} N_{1,3}(U_3) & N_{2,3}(U_3) & \cdots & N_{n,3}(U_3) \\ N_{1,3}(U_4) & N_{2,3}(U_4) & N_{3,3}(U_4) & \cdots \\ \vdots & \vdots & \vdots & \vdots \\ \cdots & N_{n-2,3}(U_{n+1}) & N_{n-1,3}(U_{n+1}) & N_{n,3}(U_{n+1}) \\ N_{n+1,3}(U_{n+2}) & \cdots & N_{n-1,3}(U_{n+2}) & N_{n,3}(U_{n+2}) \end{bmatrix} \begin{bmatrix} d_1 \\ d_2 \\ d_3 \\ d_4 \\ d_5 \end{bmatrix} = \begin{bmatrix} p_0 \\ p_1 \\ \vdots \\ p_{n-2} \\ p_{n-1} \end{bmatrix}$$

$$(5-46)$$

其中系数矩阵中的元素均为 B 样条基函数的值，只与节点值有关。

（4）解上述方程组，即可解出所有控制顶点 d，$(i=1, 2, \cdots, n)$。

B   节点矢量的求取

节点是一个数字列表，分布在曲线上，NURBS 曲线中的 B 样条规范基函数就是由节点矢量决定的。节点的个数＝阶数＋控制顶点数目－1。有两个节点出现在同一个位置的情形表示曲线在该点有重节点。插入一个节点会增加一个控制点，移除一个节点也会减少一个控制点。插入节点时可以不改变 NURBS 曲线的形状，但通常移除节点必定会改变 NURBS 曲线的形状。节点矢量的求取方法如下：求出了曲线的控制顶点，还必须确定它的节点矢量才能确保一条 NURBS 样条曲线。上述控制顶点所用的方法是通过点云数据点反求的方法求出的，而节点矢量则是在求出控制顶点之后，根据求出的控制顶点的数值正向求出的。人们大多数使用哈特利—贾德的弦长参数法求取 NURBS 样条曲线上的节点矢量。哈特利—贾德的弦长参数的原理是：把控制 NURBS 样条曲线上的控制顶点连接成多边形，就是控制多边形，把控制多边形看成 NURBS 样条曲线的外接多边形，并使得控制多边形的控制顶点和 NURBS 样条曲线的分段点一一对应，之后再将NURBS 样条曲线和控制多边形展直并用规范样条基使其规范化。考虑到 K 次NURBS 样条曲线要插入节点。哈特利—贾德认为，无论这个节点是单节点还是重节点，都把这个节点看成是 K 重节点。因此，节点矢量的求取方法如下：

（1）所求取控制多边形的每条边长分别定义成 $l_i = |d_i - d_{i-1}|(i = 1,2,\cdots,n)$。总的边长为：

$$L = \sum_{i=1}^{n} l_i \tag{5-47}$$

（2）NURBS 曲线上相应的 n 个分节点依次与控制多边形的 n 个控制点对应，再将 NURBS 样条曲线和控制多边形展直，并用样条基将其规范化，如图 5-16所示。

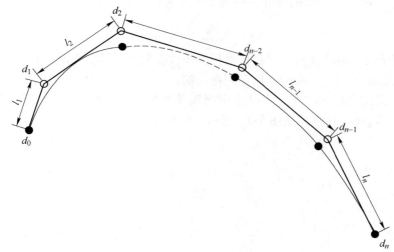

图 5-16 样条曲线分段连接点与控制多边形的关系（三次）

每一段定义域的长度可按如下公式计算：

$$u_i - u_{i-1} = \frac{\sum_{j=i-k}^{i-1} l_j}{\sum_{s=k+1}^{n+1} \cdot \sum_{j=s-k}^{s-1} l_j} \tag{5-48}$$

于是节点值分别为：

$$\begin{cases} u_k = 0 \\ u_i = \sum_{j=k+1}^{i} (u_j - u_{j-1}), i = k+1, k+2, \cdots, n \\ u_{n=1} = 1 \end{cases} \tag{5-49}$$

C　权因子的求取

权因子是 NURBS 曲线曲面的特有性质，是 B 样条曲线过渡到 NURBS 样条曲线所增加的唯一一个变量，权因子并没有具体的定义，它的作用是影响控制顶点，使得控制顶点更加精准的控制 NURBS 曲线。K 次 NURBS 曲线方程为：

$$p(u) = \frac{\sum_{j=0}^{n} w_j\, d_j\, N_{j,k}(u)}{\sum_{j=0}^{n} w_j\, N_{j,k}(u)} \tag{5-50}$$

上式中存在一个有理基函数，表示为：

$$R_{i,k}(u) = \frac{w_j\, N_{j,k}(u)}{\sum_{j=0}^{n} w_j\, N_{j,k}(u)} \tag{5-51}$$

因此，NURBS 曲线的另外一种表示形式为：

$$p(u) = \sum_{j=0}^{n} d_j\, R_{j,k}(u) \tag{5-52}$$

权因子的几何意义就是通过移动权因子改变曲线局部的形状，权因子的求取方式是通过高等数学里面的交比定理得出的，权因子的求取方法如下：

（1）交比定理的性质。从 O 点引出四条线段分别与两条线段交于 a、b、c、d 点和 A、B、C、D 点，如图 5-17 所示。

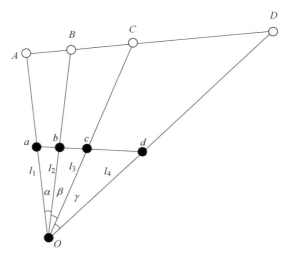

图 5-17　交比原理图

根据上图，交比定义如下：

$$Cr(a,b,c,d) = \frac{\overrightarrow{ab}/\overrightarrow{bd}}{\overrightarrow{ac}/\overrightarrow{cd}} \tag{5-53}$$

称为共线四点的交比。由交比定理的性质，可知：

$$Cr(a,b,c,d) = Cr(A,B,C,D) \tag{5-54}$$

上式就是交比定理。根据交比定理可知：

$$Cr(a,b,c,d) = \frac{\sin\alpha/\sin(\beta+\gamma)}{\sin(\alpha+\beta)/\sin\gamma} \tag{5-55}$$

由上式可知，共线四点的交比仅与投影中心 O 的角度有关。

（2）权因子的推导。权因子的推导源于交比定理的性质，如图 5-18 所示。

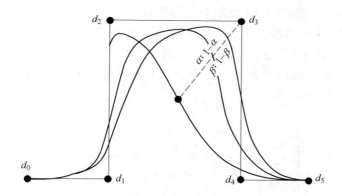

图 5-18　权因子 W_i 的几何意义

m 是 NURBS 曲线上的一点，d 是曲线的控制顶点。我们把 NURBS 的曲线方程看成是以 w_i 为参数的方程。那么这个方程就是过控制顶点 d_i 的一条直线。当 $w_i \rightarrow +\infty$ 时，曲线上的 p 点与控制点 d 重合。当 $w_i \rightarrow 0$ 时，控制点对曲线不起任何作用，曲线上的 p 点与 m 点重合。当 $w_i \neq 0,1$ 时，

$$\begin{cases} \alpha = \dfrac{N_{i,k}(u)}{\displaystyle\sum_{i\neq j=0}^{n} w_j N_{j,k}(u) + N_{i,k}(u)} \\[4mm] \beta = \dfrac{w_i N_{i,k}(u)}{\displaystyle\sum_{i\neq j=0}^{n} w_j N_{j,k}(u) + w_i N_{i,k}(u)} \end{cases} \tag{5-56}$$

$$\begin{cases} n = (1-\partial)m + \alpha d_i \\ p = (1-\beta)m + \beta d_i \end{cases} \tag{5-57}$$

因此根据交比定理，可得：

$$\frac{\overrightarrow{d_i n}}{nm} : \frac{\overrightarrow{d_i p}}{pm} = \frac{1-\alpha}{\alpha} : \frac{1-\beta}{\beta} = w_i \tag{5-58}$$

由交比性质可得，权因子影响的是控制顶点的活动范围，能够微调控制顶点，从而间接微调 NURBS 样条曲线。

5.3.2.3 曲面拼接传统算法

求出了控制顶点和权因子之后，就可以对两块曲面片进行拼接，如图 5-19 所示。待拼接的两块曲面片本身就是 G_0 连续的，要使得曲面片之间达到 G_1 连续，必须对曲面片周围的两排控制顶点进行处理。因此，传统曲面片拼接的原理是：确定待拼接的两块曲面片，从数组或 vector 容器之中调出存储这两块曲面片的控制顶点，如图 5-19 所示的控制顶点 e，f，g，h 和 5，6，7，8 以控制顶点 1，2，3，4 为基准，作出一个切平面，用控制顶点投影法分别将控制顶点 5，6，7，8 和 e，f，g，h 分别投影到所做出的切平面内。拉动控制顶点，从而拉动待拼接的两块曲面片，使得曲面片在拼接处达到 G_1 连续。传统曲面片拼接的步骤如下：

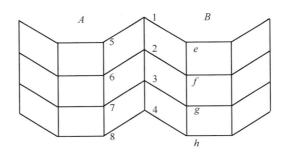

图 5-19 两块曲面片控制顶点拼接示意图

（1）求出两块曲面片的控制的控制顶点，分别用 vector 容器存储。

（2）求出两块曲面片相交处的切平面，即过控制控制 1，2，3，4 的切平面，并将控制顶点 e，f，g，h 和 5，6，7，8 投影到所做的切平面内，分别为 5′，6′，7′，8′，并使得控制顶点 e'，f'，g'，h'，5′，6′，7′，8′拉动控制顶点 e，f，g，h 和 5，6，7，8，从而拉动待拼接的两块曲面片。

（3）设定误差值曲面片拼接完成后，对拼接的曲面片进行检测，如果拼接的曲面片之间的误差在 e 之内，则结束拼接。如果误差的绝对值大于 S，则继续回到步骤（2），并调整切平面的角度，使得拼接达到误差范围内为止。

取 V 方向等于 0，U 方向的 30%，50%，80% 误差见表 5-2。

表 5-2 面片相切处的相切角度误差分析

曲面 1	曲面 2	传统匹配	传统匹配
		相切角度	平均角度误差
0.3	0.3	0.0611	
0.5	0.5	0.0589	0.0591
0.8	0.8	0.0572	

5.3.3 点云曲面三维重构示例

5.3.3.1 构建网格

目前比较通用的是采用三角剖分的方法构建网格，即用若干个三角形来表示点云数据形成的目标对象。其中应用最为广泛的是 Delaunay 三角剖分法，如图 5-20 所示，为基于 Delaunay 三角剖分生成的巷道点云的格网数据。图 5-20（a）为原始点云数据，图 5-20（b）为生成的相应的格网数据，可见点建立了相互拓扑关系。

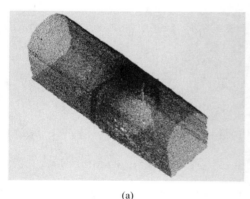 

(a)　　　　　　　　　　　　　　　　　(b)

图 5-20 点云数据生成网格模型
（a）原始点云；（b）相应网格数据

5.3.3.2 曲面重构

在生成的网格数据的基础上，拟合生成曲面，完成对象的曲面重构。曲面造型较常用的有 Bezier 曲面、NURBS 曲面等。图 5-21 为网格数据生成的 NURBS 曲面模型。

在点云的数据处理方面，国际上已研究出成熟和商业化的软件，如 Geomagic Studio、Imageware、UG、mPro/E 等。上述软件有各自的处理模块，用户根据需求，可在软件中实现对点云数据的配准、压缩、网格生成及优化、NURBS 曲面生成等一系列处理，还可以生成多种格式的数据文件。

图 5-21   巷道曲面重建模型

6 点云三维曲面建模及其工程应用

6.1 采空区探测及体积计算

对于地下金属矿床开采而言，采场验收、开采矿石量计算、充填量计算、采空区探测等工作，在以往主要是依据采矿设计进行估算，没有可靠的仪器和设备对开采之后的空区进行有效探测，因而往往依靠理论计算或者估算采出矿量。而通过应用三维激光数字测量系统，能够有效探测无人可入的采空区，确定采空区的空间位置，同时有效探测采空区空间分布的几何特征，通过体积计算，有效计算空区赋存的空间体积、形态等，进而能够实现采场验收、开采矿石量计算、充填量计算等。

6.1.1 体积计算原理

在地理空间信息科学领域，任意网格模型体积计算的常见方法有：坐标法，即由封闭空间的表面基元的坐标行列式计算体积；切片法，用一组互相平行的平面剖切模型，由剖面面积和平面间距计算体积；投影法，计算三角网格模型的三角面片及其在投影平面上的投影所围成的凸五面体的带符号体积，所有带符号体积的代数和即为总体积。从大量的点云数据中重构的三维空间点云结构大多转化为三角网格模型进行存储和管理，便于采用不同的方法进行后续处理和分析，提取不同实际应用所需要的重要信息。本书基于三维激光数字测量点云建立的实体模型，现行体积计算方法基本上都是基于不规则网格模型的计算，可以以任意精度表示任意复杂的曲面和空间形体。

上述体积计算方法都需要先重建出表面网格模型，然后在此基础上计算体积。虽然各个体积计算算法的精度和效率都较高，但整个过程大部分时间耗费在了重建表面网格模型上。为此，提出了一种基于不附带任何拓扑信息的散乱点云的四面体剖分体积计算法，该算法不需要重建表面网格模型，可直接由点云得到体积，因而提升了体积计算的效率。

先由三角剖分获得散乱点的四面体网格，然后基于拟合曲面或最小二乘平面计算得到各散乱点的法向量，然后就可以基于上述结果进行体积计算。由于三角剖分是对散乱点云的凸包进行四面体剖分，因此剖分得到的四面体网格包含冗余四面体，即体外四面体。要想进行正确的体积计算，首先需要剔除这些体外四面体。利用四面体顶点的法向量是否和四面体外接球相交来剔除体外四面体。具体算法是：遍历四面体，计算每个四面体的外接球，然后从四面体的每个顶点引出一条射线，射线方向与法向量指向一致。如果四个顶点的射线都与外接球有交点（不包含射线原点），则可以认为该四面体为体外四面体，不予考虑。

由于散乱点经过预处理，能够保证得到指向基本正确的法向量。经大量实验验证，本算法能剔除绝大部分体外四面体，证明了上述假设的可行性。完成了上述步骤后，计算目标体积就很简单，只需要计算目标物形体内各四面体的体积之和就可以得到物体的体积。这里采用行列式法计算，对于四面体顶点 A $(x_0$，y_0，$z_0)$，B $(x_1$，y_1，$z_1)$，C $(x_2$，y_2，$z_2)$，D $(x_3$，y_3，$z_3)$，可得四面体体积 V。

$$V = \left\| \begin{vmatrix} x_0 & y_0 & z_0 & 1 \\ x_1 & y_1 & z_1 & 1 \\ x_2 & y_2 & z_2 & 1 \\ x_3 & y_3 & z_3 & 1 \end{vmatrix} \times \frac{1}{6} \right\| \tag{6-1}$$

如上求得各四面体体积之后，相加即可得到总体积。

对于任意一个给定的网格模型，只有所有面片围成有限封闭空间的网格模型才构成计算机图形学意义上的正则三维形体，这是进行模型体积计算的基础条件。目前，多数软件都是基于投影的方法，对封闭且只具有表面三角网格的三维重建曲面模型进行体积计算，不但可以保证体积测量的精确性，并且其直观的可视化效果也有利于对目标体进行深入分析，该体积测量方法的原理如图 6-1 所示。

图 6-1 中 Z 为设置的投影平面，Y 为三维重建模型，e 为每个三角网格上的单位法向量，y 为 Y 在 Z 面上的投影。曲线 L 为分界线，用于区分 L 上方的三角网格法向量指向模型上部，L 下方的三角网格法向量指向模型下部。体积测量方法需要根据重建模型表面的三角网格法向量进行判断来进行投影计算，但是三维重建过程中三角

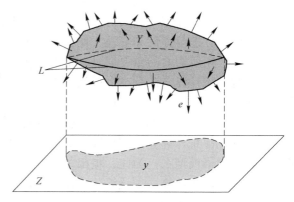

图 6-1   体积测量原理示意图

网格法向量的方向是不一致的，有的法向量指向模型内部有的指向模型外部，这就需要对法向量进行一致化的调整（如图 6-2 所示）。

法向量一致化方法选择最小生成树方法来实现，法向量调整的基本思路：选择一个三角网格的法向量为初始法向量，然后使用最小生成树来判断相邻两个三

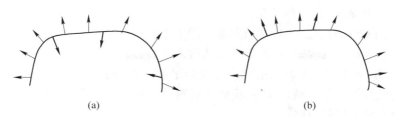

图 6-2　法向量一致化调整示意图

（a）法向量调整前；（b）法向量调整后

角网格法向量夹角的大小，如果夹角大于 90°，那么这两个三角网格的法向量方法就是相反的，再继续遍历所有三角网格法向量的方向，直至所有三角网格法向量方向一致。

三角网格法向量一致化调整的过程为：

（1）选取一个三角网格 $\triangle ABC$，求出其单位法向量 $\vec{e}$ 作为初始法向量；

（2）遍历与 $\triangle ABC$ 相邻的三角网格的单位法向量 $\vec{e_i}$；

（3）如果 $\vec{e} \times \vec{e_i} < 0$，则 $\vec{e_i}$ 与 $\vec{e}$ 方向相反，则改变法向量 $\vec{e_i}$ 的方向，使 $\vec{e_j} = -\vec{e_i}$，$\vec{e_j}$ 与 $\vec{e}$ 方向一致，保存数据；

（4）如果 $\vec{e} \times \vec{e_i} > 0$，则 $\vec{e_i}$ 与 $\vec{e}$ 方向相同，继续调整下一个相邻三角网格法向量方向。法向量一致化调整之后如图 6-3（a）、（b）所示。

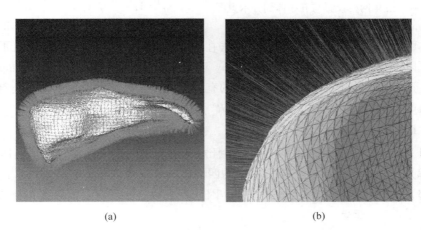

图 6-3　法向量一致化后效果

（a）法向量整体显示；（b）法向量局部显示

法向量一致化调整之后，开始对重建的模型进行体积测量，测量之前需要对三角网格的法向量进行分类，模型表面三角网格单位法向量 $\vec{e}$ 的 z 坐标可以被分

为 $z>0$，$z<0$ 和 $z=0$ 三种情况：

（1）当 $z>0$ 时，法向量都指向曲线段 L 上方；

（2）当 $z<0$ 时，法向量都指向曲线段 L 下方；

（3）当 $z=0$ 时，因为三角网格与投影平面之间是相互垂直的，所以在投影平面上的投影为一条直线，不会影响体积测量结果，因此单位法向量坐标 $z=0$ 时的三角面片可以被忽略掉。

经过上述过程处理后，为体积测量做好前期准备工作。然后需要对构成三维重建模型的三角网格进行计算，最终得到重建三维模型的体积数据。在对法向量进行分类之后，把 $z>0$ 与 $z<0$ 这两类三角网格分别向平面 Z 投影，如图 6-4 所示。

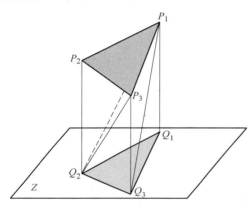

图 6-4　三角网格投影与五面体剖分示意图

图 6-4 为重建模型上的三角网格 $P_1P_2P_3$ 投影到平面 Z 得到三角形投影 $Q_1Q_2Q_3$，构成了一个五面体 $P_1P_2P_3Q_1Q_2Q_3$。然后计算五面体的体积数据，为了简便、快速地得到计算结果，需要对五面体进行剖分，五面体 $P_1P_2P_3Q_1Q_2Q_3$ 可以被剖分成三个四面体，分别为：$P_1Q_1Q_2Q_3$、$P_1P_2P_3Q_2$ 与 $P_1P_3Q_2Q_3$，进行四面体体积计算。

四面体剖分本质上就是将点集 $S \subseteq R^3$ 的凸包分割成若干以 S 中的点为顶点的四面体。传统的四面体剖分算法在浮点数系统中由于退化现象而不够健全，所以本书采用基于增量式 Delaunay 三角剖分的改进算法。Edelsbrunner 和 Seidel 于 1986 年证明：任何维度为 d 的有限点集 $S \subseteq R^d$，其 Delaunay 三角剖分都可以从 $S' = \{(X, \| X \|^2) : X \in S\} \subset R^d \times R = R^{d+1}$ 的凸包中获得。

6.1.1.1　基本概念

（1）凸包：是指包含点集 $S \subseteq R^3$ 中任意两点连成的线段的最小凸多面体。

（2）Delaunay 规则：三维空间中的四面体的外接球内不包含其他的散乱点。

（3）退化现象：在浮点数系统中，因计算机数值精度有限而导致拓扑错误。

6.1.1.2　算法

（1）三维 Delaunay 三角剖分是由二维 Delaunay 三角剖分扩展而来。首先构建一个初始四面体，形成初始化四面体网格。

（2）将散乱点插入当前四面体网格中，对于输入点 P，使用随机行走方法来寻找包含 P 的四面体。先指定一个四面体 T，如果 P 位于该四面体内，则完成行走。如果不在四面体内，则随机指定一个三角面 E，如果 E 所在的平面将 T 和 P

分割开（即 T 和 P 在平面的两边），下一个访问的四面体就是共享 E 的邻近四面体；否则，就按预定的顺序遍历其他的面，直到找到分割开 T 和 P 的面。

（3）找到包含 P 的四面体，则分割该四面体为 4 个小四面体。

（4）如果 P 位于当前四面体网格外，则选择网格的一个可见面（即 P 在面的一侧），连接 P 与该三角面的 3 个顶点构成新的四面体加入到四面体网格中，选择可见面时，尽量避免使新生成的四面体是狭长的。

（5）重复步骤（2）~（4），直到所有散乱点都被插入四面体网格。

（6）验证 Delaunay 三角剖分的有效性。首先检查 Delaunay 三角剖分数据结构的连贯性，即四面体的邻接关系。然后验证各四面体的方向和由 Delaunay 三角剖分获得的凸包的正确性。

该算法的改进主要在于步骤（2）的行走方法。传统算法使用的是线性行走方法。对于输入点 P，指定一个四面体，如果 P 位于该四面体内，则完成行走；如果不在该四面体内，就构建一条射线，原点是当前四面体的体内一点，标记为 C，它的方向为 $C{\rightarrow}P$，定位到与该射线相交的一个四面体的面，与当前四面体相邻并共用这个面的四面体就是包含 P 的下一个候选四面体。这个方法虽然快捷，但有个缺陷，即当射线穿过四面体的顶点或边时，与射线相交的下一个四面体不是相邻的四面体，导致 P 的定位错误，而随机行走方法有效地避免了该现象。

6.1.1.3　四面体剖分实例

测试用的部分散乱点云实例如图 6-5 所示，点云数据来自 CGAL 标准图库。图 6-6 为由图 6-5 散乱点云生成的巷道凸包以及四面体网格。计算所有四面体的体积总和就可以得到巷道凸包的体积，但凸包中还存在大量体外四面体，需要对体外四面体进行剔除，才能够实现准确的体积计算。

图 6-5　测试用巷道点云

如式（6-2）所示：

$$V(P_1Q_1Q_2Q_3) = \frac{1}{6} \times \begin{vmatrix} 1 & 1 & 1 & 1 \\ x_1 & x_2 & x_3 & x_4 \\ y_1 & y_2 & y_3 & y_4 \\ z_1 & z_2 & z_3 & z_4 \end{vmatrix} \tag{6-2}$$

其中，(x_1,y_1,z_1)，(x_2,y_2,z_2)，(x_3,y_3,z_3)，(x_4,y_4,z_4) 分别为四面体 $P_1Q_1Q_2Q_3$ 的四个点的空间坐标，五面体体积如式（6-3）所示：

$$V(P_1P_2P_3Q_1Q_2Q_3) = V(P_1Q_1Q_2Q_3) + V(P_1P_2P_3Q_2) + V(P_1P_3Q_2Q_3) \tag{6-3}$$

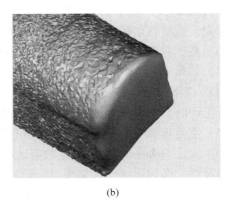

(a)　　　　　　　　　　　　　　　(b)

图 6-6　四面体剖分结果

（a）局部四面体网格；（b）巷道凸包

由于三维重建模型的投影是由大量的五面体构成的，最终的三维重建模型的体积如式（6-4）所示：

$$V_{model} = \left| \sum_{i=0}^{N_{up}} V_i - \sum_{j=0}^{N_{down}} V_j \right| \tag{6-4}$$

式中　　N_{up} ——单位法向量中 $z>0$ 的三角网格的数量；

　　　　N_{down} ——单位法向量中 $z<0$ 的三角网格的数量；

　　　　V_i , V_j ——两类五面体的体积和。

利用该原理除了上述对模型整体体积计算外，实现对三维模型局部体积进行交互计算，需要设置一个规则的包围盒。由于在三维空间中三维重建模型空间位置信息是可以获取的，只要找到在三个空间坐标方向上的最大值与最小值就可以确定一个空间区域，这个区域是个长方体包围盒，为了进行投影计算需要把包围盒的底面设置为投影平面 Z，包围盒可以通过人工交互的方式来改变其大小。因此，利用构造的包围盒可以对三维重建模型进行交互式截取，得到局部三维模型，然后对局部的三维重建模型进行体积测量。由于包围盒六个面在空间坐标系中的坐标范围可以确定，并且当包围盒的面交互式截取部分三维模型时，在交互过程中包围盒六个面的空间坐标也会在坐标系中发生变化，而三维重建模型在空间中的位置不会变化。

所以，对三维模型重建进行局部测量时，可以通过判断三角网格的空间位置来进行局部的体积计算。其具体程序为：首先，需要判断哪些三角网格在包围盒范围内，因为体积计算只需要对包围盒范围内的三角网格进行计算即可，这样就可以排除包围盒范围外三角网格的影响。最后，判断三角网格是否在包围盒范围内的过程为：搜索模型三角网格，然后依次获取三角网格点坐标的空间位置，这需要判断三角网格的三个点坐标是否全部处于包围盒坐标范围内。如果三角网格的一个点坐标不在包围盒坐标范围内，则说明该三角网格与包围盒相交或者在包围盒坐标范围外，那么这个三角面片就可以被忽略不进行投影计算，否则就把三角网格投影到投影面 Z 上，利用投影的方法来累加求取五面体体积代数和，最后得到局部三维重建模型体积。

上述算法在最坏情况下的时间复杂度为 $O(n^2)$，在输入点集为一般物体表面点集的情况下，算法复杂度接近 $O(n\lg n)$。使用 C++ 语言实现以上算法进行四面体剖分，运行环境是 Windows XP32 位系统，编译环境是 Visual Studio 2008，编译器为 VC++9.0，硬件为 Core2 Duo E7400 2.80GHz、2.0GB DDR2 800MHz RAM。

6.1.2　体积计算处理流程

（1）点云着色。点云着色是统计和计算点云数据的法线方向，根据法线方向赋予点云数据颜色（如图6-7所示），使点云数据虚拟曲面化，在视觉上点云数据更像是一个多面体，便于统计点云数据法线方向是否统一，主要判断特征是观察法线方向是否统一朝外，这关系到模型的成功封装和体积计算。

图6-7　点云数据着色前后对比

（2）法线计算。法线计算实际上是获得同一空区不同站点的点云数据存在法线方向不一致情况，这种法线差异会造成点云着色的差异（如图6-8所示），最关键之处是在点云数据封装计算时造成封装误差，使得封装体不能缝合，封装体不同部分里外相反，直接阻碍了模型体积计算。统一法线方向是数据处理之中的关键一步。针对不同点云数据，先删除原有法线方向，重新定义法线方向，或者翻转选中的部分点云数据法线方向，可实现点云数据发现方向的统一。

（3）联合点对象。矿山地下采空区一般具有体积庞大、内部形态复杂、空区内遮蔽物繁多等特点，为了提高三维激光测量数据测量精度，在空区内采用多站点测量。因此，多站点云数据拼接才能精确表达空区形态。通过联合点对象实

图6-8　点云法线不统一造成数据处理误差

现多站点云数据的拼接，使各部分点云组建为整体，便于点云采样和封装。

　　（4）体外孤点优化处理。一些明显偏离测量体表面的点，可首先进行手动处理，通过人机交互方式由远及近逼近点云表皮，选中明显偏离点云表皮的杂点，初步优化点云数据，图6-9中黑色点云就是明显偏离模型整体的坏点。

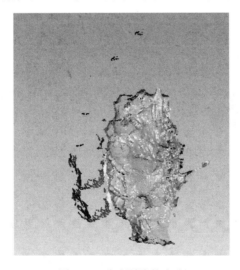

图6-9　手动删除偏离点

　　对于距离点云数据模型主体较近的偏离点是很难通过手动进行删除，必须通过对程序的参数精确干预来搜寻和删除杂点。调用断开组件命令能实现对偏离点的进一步搜寻，程序会根据设定的分隔度与尺寸实现对偏离点的自动搜寻，尺寸值代表选择孤点在设置的整个点云数据百分数之内才能选中。系统依据分隔度对偏离点云进行分组归类，以整体组建模式删除偏离点。分隔度决定了对偏离点云分组的灵敏度，灵敏度可以被体现为组件范围内的直径大小，分隔度低模式具有很大的自适应性，能最大程度选取到偏离点云。尺寸参数定义了选取偏离点云占整体点云的比例，在这一比例范围内时方可选取偏离点，其选择效果如图6-10所示。这一操作可很大程度上消除体外孤点，剔除了大量冗余点数。

图6-10　分隔度低、中、高剔除杂点效果对比

　　如果测量点云数据质量很低，存在大量的无序点、体外孤点、重叠点云时，上述步骤还未能使点云质量达到最佳时，可调用体外孤点功能，这是选择与处理体外孤点的最后一道过滤步骤，该步骤在处理孤点时相对保守，一般连续调用三次，可达到最佳效果。需要设立一个系统限制移动敏感值，该值越低，选择的孤点距离整体越远，随着阈值的增加，选择的孤点距离整体点云越近，选择的孤点范围也越大。

　　（5）点云稀释处理。三维激光数字测量系统进行完外业测量后，获得点云数据庞大，一般在几万到几十万之间，当采空场跨度小于20m时，采集的点云数据往往过于密集，在没有经过滤波之前，海量点云数据很难进行应用。点云的稀释只是去除一些冗余点，因为建模时对点云数据的Delaunay三角剖分不是越细越好，取决于工程技术人员对目标模型的精度要求。一般来说，剖分的三角网格越精细，对PC机的要求越高，处理时间和操作投入越多。对于矿山工程应用领域而言，点云稀释最佳系数以0.3为最佳，图6-11所示为某一理想封装模型片段，可以看出理想剖分三角网格点间距接近于0.3，大量过密点并未有纳入三角网格基点。

　　（6）点云数据三维模型构建。点云数据的优化为点云模型构建做好了充分准备，通过对点云数据的三角网格化封装，可实现点云数据三维模型的建立。尽管前期对点云数据进行优化处理，但最终封装形成的三维模型仍然不是最优体，模型存在着自相交边、开放边、高度折射边、小组件、三角面片过密等问题。

　　这些问题主要造成以下影响：（1）体积计算误差：程序只识别和计算闭合

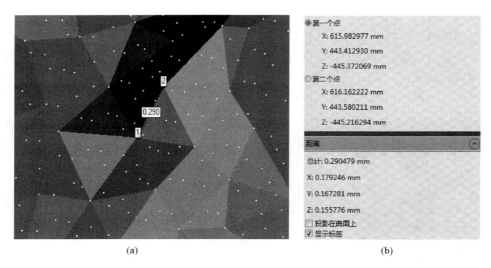

图 6-11   最佳点云间距统计
（a）网构点间距统计；（b）网构点间距统计结果

体的体积，在计算体积时，程序会逐一对每一闭合体体积进行叠加，获得模型总体积。当模型中存在闭合小组件时，会造成体积比实际偏大，小组件越多，体积偏大也越多。当模型存在孔洞或未闭合时，模型就忽略了该部分模型体积的计算，造成体积偏小，甚至无法计算出模型体积。（2）表面积误差：当模型存在重叠面片时，程序会将这部分重叠面片面积加入整体表面积之中，造成模型表面积偏大。（3）数据转换困难。当模型面片过于密集时，会造成文件数据量庞大。在不同软件之间进行数据转换时，对计算机产生大量负载，会造成转换时间过长，有时完成不了数据转换，或者文件数据量过于庞大，无法应用于其他软件。（4）影响模型相关剖切和布尔计算：模型存在质量问题时，会造成相关矿业软件无法对模型进行复合、剖切、布尔运算等工序处理。因此，在进行模型体积和其他特性统计时，必须对模型进行优化处理，优化目标和精度取决于对模型特性统计的需求。

6.1.3   体积计算

6.1.3.1   三维点云模型建立及优化

任意一个给定的网格模型，只有所有面片围成有限封闭空间的网格模型才构成计算机图形学意义上的正则三维形体，这是进行模型体积计算的基础条件。所以在对三模型进行体积计算时，必须对其进行优化处理，这些优化步骤主要包括：

（1）三维模型有效性检查。主要包括开放边、无效边、自相交和子实体检查。

（2）三维模型优化。进行孔洞等缝合，去除开放边；剔除与模型表皮平行、未相交和相交的无效三角面片，达到剔除无效边、自相交边；检查整体模型内部的子实体，在进行体积计算时对体积进行分类计算，提高计算精度。

（3）模型验证。对上述优化问题进行检测，唯有所有问题已优化，才可进行下步体积计算，否则，调回以上步骤重新优化（如图6-12所示）。

（4）体积计算。计算体积包括模型总体积和子实体体积。

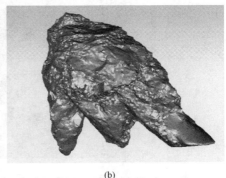

（a）　　　　　　　　　　　　　　　（b）

图6-12　三维网格模型优化
（a）未优化模型；（b）优化后模型

6.1.3.2　数据的预处理

三维激光数字测量仪进行一次空区测量后，测量所得数据量通常在数十万之间，对有些大型空区，在测量精度较高要求下，测量所得到的数据量达到了数百万之多，尤其在20m范围内测量时，点云往往过于密集，往往存在着重点、无序点、偏离点等坏点。如不预先优化处理（点云滤波）这些点，必将在后期点云处理时给计算机运行带来了很大的压力，同时也影响到了后期的图形质量。

6.1.3.3　滤噪（略）

6.1.3.4　数据抽稀

为了达到精简点云的目的，许多点云精简算法得到发展，其点云精简主要有四种类型：测量线式点云数据、阵列式点云数据、三角网格式点云数据和散乱式点云数据。不同类型的点云数据可采取不同的精简方式，以下是各种类型点云常见的几种精简方式：

（1）测量线式点云数据，可以采用均匀弦长重采样，曲率累加值重采样，弦高差重采样等方法；

（2）阵列式点云数据，可以采用等间距缩减、倍率缩减、等量缩减、弦高差等方法，其中一部分方法对测量线式点云也是适用的；

（3）三角网格式点云数据，可以采用等分布密度法、最小包围区域法等方法；

（4）散乱式点云数据，可以采用包围盒法、均匀网格法、随机采样、曲率采样、聚类法、迭代法、粒子仿真、保留边界法等方法。

本部分主要针对散乱式点云数据的精简算法（如图 6-13 所示）。

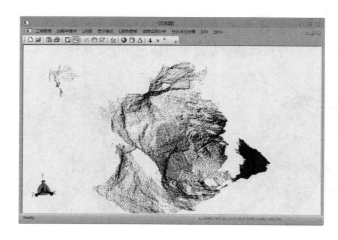

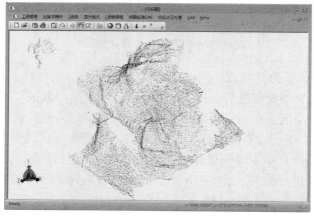

图 6-13　散乱式点云数据示例

在点云的坐标系内，建立三维立方体单元格栅，每个单元内所有的点用该单元内的点集的重心来近似，这样就消除了单元内的冗余点，并且可以大大减少点云的数据量，如图 4-3 所示。

算法流程说明如下：

（1）读入点云并获得用户指定的采样百分比。

（2）判断该百分比是否小于设定值（如 10%），若是则只进行指定百分比的随机采样并直接跳到步骤（6），否则进行设定值的随机采样并执行下一步。

（3）对随机采样后的点云进行剩余的曲率采样（指定百分比—设定值），把应去除的点做上删除标记。

（4）对做了删除标记的点进行随机采样，取一小部分点，去除删除标记。

（5）把还有删除标记的点从点云中删除。

（6）输出采样后点云，结束。

点云数据抽稀示意图如图6-14所示。

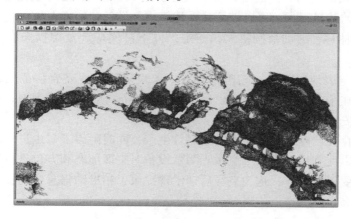

图6-14　点云数据抽稀示意图

6.1.3.5　点云数据拼接

激光是沿直线传播的，这决定了不可能在测量角度就得到一个物体的完整表面采样数据，必须在多个方向和角度对一个物体测量，即多视点云。每一个测量位置都有自己的局部坐标系，多视点云的拼接也就是把各个局部坐标系通过坐标变换统一到一个坐标系中，从而把多个角度的测量数据合成完整的三维物体。

算法基本步骤如5.2.3.1节B中所述。

ICP算法精度较高，并且测量过程中不再需要反射体，使测量更加方便。但是迭代过程比较耗时，尤其是初值选择不当的话收敛速度会很慢，甚至出现发散的现象。

Site Studio软件采用了这种拼接算法，为了加快迭代收敛速度，软件让用户以人机交互的方式在两块点云中先选择几个大体上是公共点的迭代初值点，这样迭代初值比较接近真实值，加快了收敛速度，缩短了算法的计算时间。

6.1.4　地下采空区探测及体积计算实例

6.1.4.1　工程背景

某矿山采用浅孔留矿法和房柱法，年设计生产能力14.85万吨/年。矿山经过多年生产，在浅部留下了大量采空区。地下矿床开采后形成的空区破坏了岩体的原岩应力平衡，这使得空区周围的岩体应力产生变化并重新分布，当岩体应力达到临界变形以后，随之出现围岩破坏和移动，尤其随着矿山开采范围的不断扩展，采动影响程度不断增强，使得围岩变形进一步发展，产生顶板冒落、垮塌等大规模岩移。

实践证明，大规模岩移可产生以下影响：

（1）顶板围岩的突然崩落，可形成速度达数千米/秒、压力达数十兆帕的压缩气流，它的冲量很大，可以破坏井下建筑物、设备和伤害人员；

（2）岩体移动活动范围扩大，一定条件下可使矿产资源损失在岩移区而无法回收；

（3）受地表地形限制，或矿床开发中未正确确定地表岩移范围，某些建筑物设施布置在采空区上部及产生山崩、滑坡、滚石等影响的范围内，将威胁建筑设施及人员安全。

空区的存在严重影响了矿山安全高效生产，同时阻碍了矿山进一步向深部开采的进程，因此利用地下三维空激光测量设备对空区形态和方位进行精确探测是矿山迫切需要进行工作，这为空区后期治理提供了精准的信息，为提高矿山安全高效生产具有重大意义。

6.1.4.2　测试方案

某矿山设计生产规模200t/d。截止到测试日期，7年累计采出矿石量53.4万吨，经过计算与理论分析，矿山存在的预估空区体积为12.7万立方米。经初期人工现场踏勘，发现测量空区存在体积庞大、空区相互贯通、空区形态复杂等特征，针对以上特征设计了空区多站点联合测量方案，从不同方位对空区进行详细测量，基于矿山实际坐标完成对空区不同部位的拼接，形成完整空区模型，极大化消除测量盲区、目标距离过远等因素对结果的误差影响。以下是各中段空区测点分布方案。

450m中段对应4线~9线，共280m范围内的采空区进行了精确探测。共布置测点67个，共得到大小不一的5个采空区群。分别为：

（1）450-2号采空区群。范围：Ⅰ号矿体0线-4线，其中2-4线范围的空区内有部分与下部416m中段相联通，且在2线有上山通往416m中段，为非独立空区。控制测点：测点12~22。

（2）450-3号采空区群。范围：位于0线~1线的Ⅰ号矿体上盘。该空区为独立空区，仅有先前开采的联络巷与其相联通。控制测点：测点1~9、测点25、测点26~28、测点30、测点40、测点44、测点45。

（3）450-4号采空区群。范围：位于0线~1线的Ⅰ号矿体下盘。该空区为独立空区，仅有先前开采的联络巷与其相联通。控制测点：测点23、测点24、测点29、测点36、测点37、测点39、测点43、测点52、测点55、测点56。

（4）450-5 号采空区群。范围：I1 号矿体 3 线 ~ 5 线，该空区与 478m 中段的 I1 号矿体空区相联通，为非独立空区。控制测点：测点 31 ~ 35、测点 41 ~ 42、测点 46 ~ 51。

（5）450-10 号采空区群。范围 I1 号矿体 5 线 ~ 9 线，该空区与 478m 中段的 I1 号矿体空区相联通，同时与 450-4 号采空区也有通道相联通，在 7 线 ~ 9 线范围该空区也与下部 416m 中段的空区相联通，为非独立空区。控制测点：测点 57 ~ 66。

450m 中段 1 ~ 4 号空区测点分布位置如图 6-15 所示，450m 中段 5 号、10 号、11 号空区测点分布位置如图 6-16 所示，复杂空区探测示意图如图 6-17 所示。

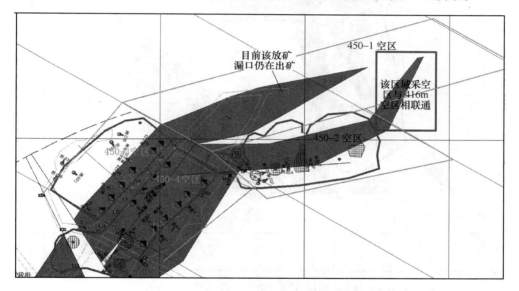

图 6-15　450m 中段 1 ~ 4 号空区测点分布位置

6.1.4.3　测试数据可视化处理

三维激光数字测量数据是基于一个距离与两个角度的“TXT”格式数据，在进行数据可视化处理之前必须对数据进行格式转化，系统软件三维激光数字测量系统 V400 Desktop 能够将相对于测量中心的原始探测数据转化为点的实际坐标，其计算公式如下：

$$\begin{cases} \Delta X = L\cos\alpha\,\cos\beta \\ \Delta Y = L\cos\alpha\sin\beta \\ \Delta Z = L\sin\alpha \end{cases} \qquad (6-5)$$

该软件通过前靶标的坐标、后靶标的坐标值以及前靶标与激光中心点距离值，基于点特征空间配准算法计算出两坐标系之间的旋转矩阵和平移矩阵，进而

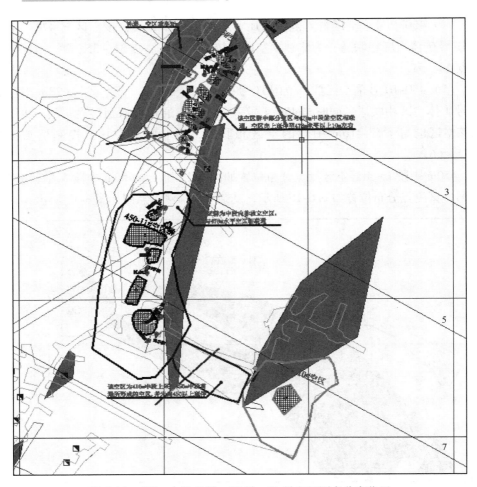

图 6-16　450m 中段 5 号、10 号、11 号空区测点分布位置

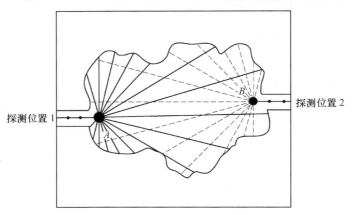

图 6-17　复杂空区探测示意图

将用户坐标系下的点云坐标转变到大地坐标系下，其计算模型如下：

$$\begin{bmatrix} X \\ Y \\ Z \end{bmatrix} = R(\alpha,\beta,\gamma) \begin{bmatrix} x \\ y \\ z \end{bmatrix} + \begin{bmatrix} \Delta x \\ \Delta y \\ \Delta z \end{bmatrix} \tag{6-6}$$

该模型包含三个旋转参数 α、β、γ 和三个平移参数 Δx、Δy、Δz。当旋转轴绕三个坐标轴旋转次序为 Z 轴、Y 轴、X 轴，且旋转的角度分别为 α、β 和 γ 时，则旋转矩阵可写为：

$$R = \begin{bmatrix} \cos\beta\cos\gamma & \cos\beta\sin\gamma & -\sin\beta \\ -\cos\alpha\sin\gamma + \sin\alpha\sin\beta\cos\gamma & \cos\alpha\cos\gamma + \sin\alpha\sin\beta\sin\gamma & \sin\alpha\cos\beta \\ \sin\alpha\sin\gamma + \cos\alpha\sin\beta\cos\gamma & -\sin\alpha\cos\gamma + \cos\alpha\sin\beta\sin\gamma & \cos\alpha\cos\beta \end{bmatrix} \tag{6-7}$$

三维激光数字测量系统 V400 Desktop 操作界面如图 6-18 所示。为了便于对数据进行管理，在建模过程中统一取 x 与 y 坐标值的小数点前四位作为模型坐标值，z 坐标值保持不变。

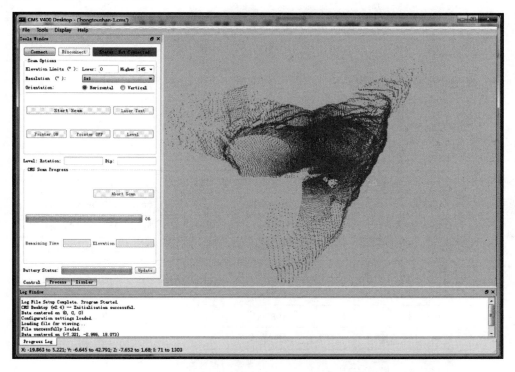

图 6-18　三维激光数字测量系统 V400 Desktop 软件操作界面

三维激光数字测量数据可视化处理中，必须针对冗余的点云数据进行 LOD

稀释处理，三维激光数字测量系统单次测量的数据点数可达 5 万 ~ 10 万个，当采空场跨度小于 20m 时，收集的数据点往往过于密集，在没有经过过滤之前，数据很难进行应用。图 6-19 为三维激光数字测量数据 LOD 前后的效果对比图。

图 6-19 中 LOD 前后数据量从 43400 个点减少至 7300 个点，数据量减少了83%，而体积仅减少了 0.03%。

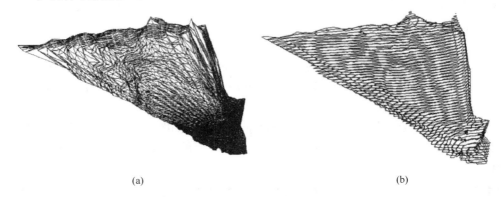

(a)   (b)

图 6-19   三维激光数字测量数据 LOD

(a) LOD 前；(b) LOD 后

6.1.4.4   测试结果

A   实测空区体积统计

详细的 450m 中段空区体积计算见表 6-1。

表 6-1   450m 中段空区体积统计

450m 中段空区体积		空区最大尺寸描述
450-3 号	13034m³	56.7m × 39.6m × 26.2m
450-4 号	8648m³	58.8m × 57.9m × 21.4m
450-2 号	3322m³	26.0m × 17.1m × 8.1m
450-5 号	10001m³	61.7m × 43.8m × 41.1m
450-11 号	8934m³	88.2m × 45.2m × 38.7m
450-10 号	1983m³	37.4m × 30.2m × 18.5m
小 计	45922m³	—

B   空区测量模型三维建立

利用测量数据构建了完成的空区三维模型和巷道模型（如图 6-20 和图 6-21所示），以三维立体形式展示了数据结果，提高了数据可视化程度，真实反映了空区在矿山体系中的具体位置和形态分布，为后期矿山开采效果评价和开采方案优化提供详实数据指导。

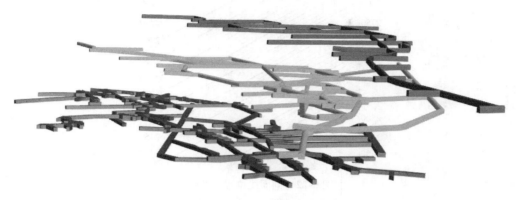

图 6-20 多中段巷道模型

图 6-21 多中段巷道空区模型复合图

C 空区剖面

空区剖面图能更好地展示空区内部形态，同时能有效展示空区边界与矿体以及矿山建筑物的实际距离，以平面图方式展示方便图形标注和修改，在进行工程设计时可时时调用剖切数据，提高了数据利用便捷性。

（1）沿勘探线方向剖面。勘探线间距 40m，剖面线平行于勘探线，间距为 10m，范围 2 号~15 号勘探线之间，共 29 个剖面。来解释空区沿平行于勘探线方向的空间分布。剖面线位置如图 6-22 和图 6-23 所示。每个剖面大小为长 260m × 高 100m，剖面标高为 430~530m，黑色为空区，灰色为巷道。

（2）横剖面图。按标高方向切剖，每隔 5m 高切一个横剖面，范围为 435 标高~525 标高，共 19 个剖面，每个剖面大小为长 300m × 宽 300m，黑色为空区，灰色为巷道（如图 6-24 所示）。

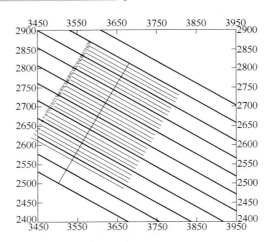

图 6-22　剖面线位置示意图

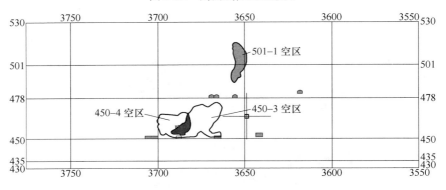

图 6-23　剖面线 23 处剖切平面图

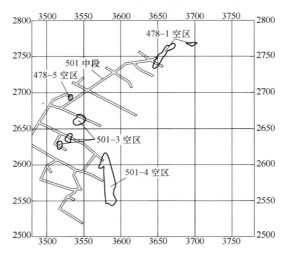

图 6-24　500m 标高处剖切平面图

6.2 岩体结构面识别

岩体经过地质应力作用发育的结构面具有一定的形态特征，例如具有一定的方向和规模大小，并且在较小范围内通常可以近似为平面，相互切割具有明显的棱角状，裂隙具有一定的宽度，表面还有一定的粗糙度等。不同结构面的出露岩体由于形成的原因的差异、风化程度的不同往往在颜色、粗糙度等结构面特征上也有很大的不同。基于结构面的上述特征，人眼能迅速识别出不同的岩体结构面。

对点云数据实行可视化后，可以清晰地看到各组结构面，分辨出结构面的边界。当前的计算机辅助识别岩体结构面的方法一般是人工选点圈定结构面，识别结果易受到使用者主观因素的影响，使用者选取结构面的位置不同，模型的观察角度不同，都会对识别结果产生一定的影响。此外，随着现代岩土工程勘察的范围越来越大，精度要求越来越高，手动选取的方法获取产状结构面也不符合工程发展的趋势。通过算法自动的处理整体点云数据，筛选出代表结构面的点，实现程序化识别结构面能够消除人为因素对结构面产状测量的主观影响并加快结构面测量的速度。

对于三维结构面点云模型中边界清晰的结构面，对其进行识别和产状统计的基本思路如下：

（1）为无序的散乱点云数据建立拓扑关系；

（2）基于 kd-tree 实现快速 k 近邻搜索；

（3）估计点云表面法线；

（4）采用区域生长算法进行结构面识别，并对识别出的结构面进行分割提取；

（5）采用最小二乘法对结构面进行拟合，获取结构面的产状信息；

（6）对岩体结构面产状进行统计，绘制玫瑰花图、等密度图、极点图、赤平投影图。

本部分的主要内容就是遵循上述思路，完成计算机自动识别岩体结构面，并对其中出现的问题进行讨论和解决。

6.2.1 图像分割

区域生长方法是一种重要的图像分割方法，传统的区域生长算法都是用在二维图像中实现。其基本思路是从一组生长点开始（生长点可以是单个像素，也可以是某个区域）按照特定的相似性准则，将与该生长点性质相似的相邻像素或者区域与生长点进行合并组成特定的区域，形成新的生长点，重复此过程直到周围没有像素可以生长为止。生长点和相邻区域的相似性判据可以是灰度值、纹理、颜色等多种信息。此方法先要根据分割要求选择对应的种子像素，作为区域生长的起点，再根据指定的生长准则，将种子点周围满足生长准则的相似像素合并到种子点所处的图像区域中。然后，将得到的新像素作为新的种子点继续进行区域生长，直到所有满足生长准则的像素得到合并，形成分割区域。

区域生长法算法思路简单、易于理解，运算效率高，能直接在三维空间中的点云数据直接进行剖分，并且其算法具有很强的可扩展性。对于处理不同的点云数据或在特定的要求下，只要更改它的相关约束即可，无须做本质上的改动。

本书所用到的结构面识别方法都是在基于区域生长法的基础上实现，其实质是对点云进行分割。基本思路主要是考虑点云及其空间邻域点之间的关系，将具有相似性质的元素集合起来构成区域。具体实现为对每个分割的区域找个种子点作为生长的起点，再将种子点周围邻域中与种子点具有相同或相似性质的点，根据某种事先确定的生长或相似准则合并到种子点所在的区域中。将这些新的点当作新的种子点继续进行上面的过程，直到再没有满足条件的点可被包括进来。

在实际应用区域生长法时需要解决三个问题：

（1）计算点云数据的特征值；

（2）选择或确定一组合适的能正确代表所需分割区域的种子点；

（3）确定在生长过程中能将相邻点包括进来的相似性准则。

6.2.1.1   点云特征值的计算

首先，计算点云中的每个点的特征值，包括法向量、曲率。表面法向量是几何体表面的重要属性，对于获取的散乱点云数据集有两种计算方式：

（1）使用曲面重建技术，从获取的点云数据集中得到采样点对应的曲面，然后从曲面模型中计算表面法向量。

（2）直接从点云数据集中近似计算表面法向量。

本书采用第二种方式对已知的点云数据集在其中每个点处直接近似计算表面法线。

目前，有许多法向量估算方法，本书选用主成分分析法（Principal Components Analysis）分析一个协方差矩阵的特征矢量和特征值。主成分分析法主要用于对数据进行分析以及建立数理模型。其方法手段是通过对一个协方差矩阵进行特征分解，求出数据的主成分，即各个特征向量及与之对应的特征值。协方差矩阵从查询点的近邻元素中创建。对于每一个点 P_i，对应的协方差矩阵 C 如下：

$$C = \frac{1}{k} \sum_{i=1}^{k} \cdot (P_i - \overline{P}) \cdot (P_i - \overline{P})^{\mathrm{T}} \tag{6-8}$$

$$C \cdot \overrightarrow{v_j} = \lambda_i \cdot \overrightarrow{v_j}, \qquad j \in \{0,1,2\} \tag{6-9}$$

式中 k——点 P_i 邻近点的数目；

$\overline{P}$——最近邻元素的三维质心；

λ_i——协方差矩阵的第 j 个特征值；

$\overrightarrow{v_j}$——第 j 个特征向量。

在三个特征向量 $\overrightarrow{v_j}$（$j \in \{0,1,2\}$）中，最小的分量即为 P_i 在尺度 k 下的法向量，而 P 点处的表面曲率通过协方差矩阵的特征值之间的运算估计得到：

$$\sigma = \frac{\lambda_0}{\lambda_0 + \lambda_1 + \lambda_2} \tag{6-10}$$

6.2.1.2 法向一致性

通常没有数学方法能解决法线的正负向问题，通过主成分分析法来计算它的方向也具有二义性，无法对整个点云数据集的法线方向进行一致性定向。图 6-25 显示出对一个更大数据集的两部分产生的影响，很明显估计的法线方向并非完全一致，图 6-26 展现了其对应扩展的高斯图像（EGI），也称为法线球体，它描述了点云中所有法线的方向。由于数据集是 2.5 维，其只从一个单一的视角获得，因此法线应该仅呈现出一半球体的扩展高斯图像。然而，由于定向的不一致性，它们遍布整个球体，如图 6-26 所示。

 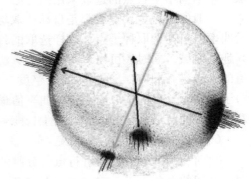

图 6-25　估算的表面法线　　　　　图 6-26　法线球体

如果知道实际视点 v_P，那么这个问题的解决是非常简单的。对所有法线 $\overrightarrow{n_i}$ 定向只需要使它们一致朝向视点方向，满足下面的方程式：

$$\overrightarrow{n_i} \cdot (v_P - P_i) > 0 \tag{6-11}$$

图 6-27 展现了图 6-25 中的数据集所有法线被一致定向到视点后的结果演示。

如果数据集是从多个捕获视点中配准后集成的，那么上述法线的一致性定向方法就不适用了。

6.2.1.3 初始生长区域选择

每个点的特征值计算好后，下一步就开始生成种子。种子点的选取是进行区域生长的第一步，是进行后续处理的关键，种子点的选取是否合理直接关系到区域生长出的目标是否正确。种子点选择太多会造成过度分割，将不是目标的背景

图 6-27   法线一致定向后的结果

划分为目标；种子点选择的太少，又会丢失目标信息，使目标分割不完整。

种子点的选取常可以借助具体问题的特点进行选择。目前种子点的选取方法大致可以分为两种思路，一种是人工手动的选取；另一种是通过算法来自动选取。本书当中生长点的选取采用的是后一种思路。

一般的区域生长算法都是自动选取均匀分布的点作为种子点，而本书根据点云曲率值自动选取种子点，这样选取的种子点更有针对性，可以很好地分割出感兴趣的区域，同时还可以有效地提高算法的运行效率。首先对点云数据按照曲率值的大小进行排序，通过局部平整度（曲率）判定来进行初始生长点的选取，对于初始生长点的选取应当选择曲率值最小的点，因为曲率值小的点所在区域相对平整，而从最平整的区域开始生长能减少分割的次数。

6.2.1.4   生长准则的确定

目前利用区域生长法进行点云分割的几何约束条件主要有以下几种：面的法向量之间的夹角小于一定阈值、点和平面之间的垂直距离小于一定阈值、种子点和邻域内的点的距离小于一定的阈值。生长准则的选取不仅依赖于具体问题本身，也和所用数据种类有关，一般的生长过程在进行到没有满足生长条件的点时停止生长，为增长区域生长的能力常需考虑一些与分割目标的全局性质有关的准则。所以，在实际的区域生长算法中，必须充分考虑分割目标的特征，合理选择生长准则和生长阈值，才能有效地识别分割出目标。本书中遵循法向量偏差准则，使用邻域点与种子点的法向量夹角小于一定的阈值这一几何约束条件进行生长。

法向量偏差准则包含点法向量偏差和三角面片法向量偏差，如图 6-28 和图 6-29 所示。平坦区域的法向量趋于平行，点法向量或三角形面片法向量与其邻域法向量的夹角较小，根据这一特征量估计该点区域表面形状的变化程度。设定阈值，小于阈值的合并到种子点的生长区域；反之，则说明曲面形状变化较大，选取新的种子点。

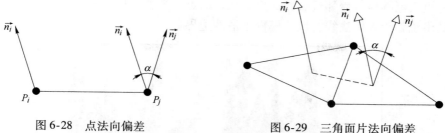

图 6-28　点法向偏差　　　　　　　　图 6-29　三角面片法向偏差

夹角计算公式:

$$\alpha_{ij} = \arccos \frac{\overrightarrow{n_i} \cdot \overrightarrow{n_j}}{|\overrightarrow{n_i}||\overrightarrow{n_j}|} \ (i \neq j) \tag{6-12}$$

α 越小则说明 $\overrightarrow{N}$ 与 $\overrightarrow{N_p}$ 法向偏差越小,法向量统一性越强,越有可能生成正确的区域。而 $\cos\alpha$ 随着 α 的增大逐渐减小。实际应用中,取 $\cos\alpha > 0.2$ 为强制约束准则。

法向量的计算常用的是相邻三角面片的法向量平均值和基于曲面拟合的法向量计算方法,是在点的邻域内进行的,其值的大小和复杂程度与邻域点的选取有关。

首先,对于已经建立 kd-tree 及 k 邻域的点云数据,选取点云数据中 x、y、z 值最大的点,对这些点的 k 邻域及本身拟合平面,记录其法向 $\overrightarrow{n}$,并对每个 k 邻域数据点的 k 邻域平面拟合法向 $\overrightarrow{n_i}$,通过下式计算偏差值:

$$dev = \frac{1}{k} \sum_{i=0}^{k} \| \overrightarrow{n} - \overrightarrow{n_i} \| \tag{6-13}$$

选取偏差量 dev 最小的那一方向进行初始生长区域的选定,初始的法向方向以该选定标准大于零为准。

6.2.1.5　分割阈值的选取

分割阈值的选取也是区域生长的一个难点,也是决定区域生长好坏的关键。判定阈值太大,会使许多非目标像素划分到目标区域中,使区域生长过量;判定阈值太小,又会丢失属于目标的点,导致区域生长不足。如上所述,在估计一个点的表面法线时,需要从周围支持这个点的邻近点着手(k 邻域)。最近邻估计问题的具体内容又提出了另一个问题"合适的尺度"。已知一个取样点云数据集,k 的正确取值是多少或者确定一个点 r 为半径的圆内的最近邻元素集时,使用的半径 r 应该取什么值。图 6-30 显示了选择小尺度和大尺度的不同效果。图 6-30 中左边部分展示选择了一个合理的比例因子,估计的表面法线近似垂直于两个平面,即使在互相垂直的边沿部分,可明显看到边沿。如果尺度取得太大,邻近点集将更大范围地覆盖邻近表面的点，估计的点特征就会扭曲失真，在两个平面边缘处出现旋转表面法线，以及模糊不清的边界。

图 6-30   选择合理的比例因子

现在可粗略假设，以应用程序所需的细节需求为参考，选择确定点的邻域所用的尺度。

算法具体过程及伪代码的具体方法步骤如下（如图 6-31 所示）：

（1）选中的点加入到种子集中。

（2）算法对每个种子点搜索邻近点。

1）对每个邻近点检测其法向量和当前种子点的法向量夹角。如果夹角小于设定的阈值，当前邻近点加入到当前区域中；

2）遍历每个邻近点的曲率值，如果曲率值小于设定的阈值则当前点加入到种子集中；

3）当前种子点从种子集中移出。

（3）如果种子集为空，则表示算法已完成当前区域的生长并将重复上述过程。

（4）迭代访问点云索引，每次将当前聚类写入一个新的点云数据集。

6.2.2   拓扑关系建立

利用三维激光数字测量技术采集获得的点云数据，作为三维领域中一个重要的数据来源，不管是否有分布规律，一般都只存储了坐标位置信息及一些自身的特征信息来表征目标表面，并不具备传统实体网格数据的几何拓扑关系。此外，点云数据通常数十万、数百万甚至更多。在几何建模时，对这样的海量无序数据搜索特征点、邻近点或者边界点等处理需要消耗大量时间和硬件资源，会严重影响算法效率。而离散点云的几何邻域拓扑关系是点云处理的基础，对邻域的分析计算是数据处理的前提。因此，需要快速地建立高密度散乱点云数据的最近邻域

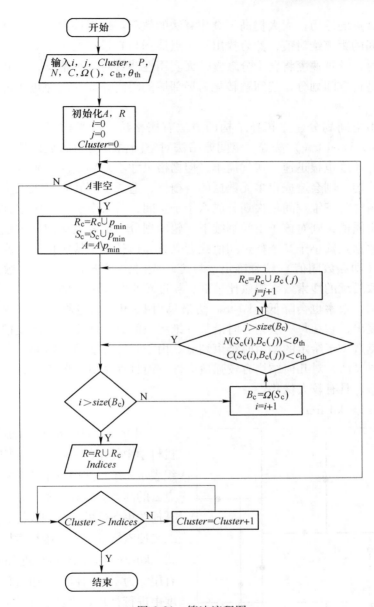

图 6-31　算法流程图

拓扑关系，实现基于邻域关系的快速查找，缩小数据的遍历范围，提高后续处理的搜索效率。

　　建立拓扑结构关系通常是指建立点云的邻域关系，首先将数据进行划分，再在划分后候选点所在的子空间中搜索最近邻点，如果没有搜索到合适的点，则扩大搜索范围至当前子空间的周围子空间，这样有针对地限定搜索的范围，避免对大量非邻域点的遍历，大大提高了查找算法的效率。最直接的方法是计算点云中所有两点间的距离绝对值，然后找出每个点周围与它最近的 k 个点，但是当点云数量过大时，计算速度将会十分缓慢，无实用性。针对这种情况，有必要对点云数据空间进行空间划分，使问题转化为局部域的距离计算，避免每次都进行全局搜索。

通常由空间划分建立拓扑结构的方法有栅格法、八叉树（Octree）法、kd-树（k-dimensional tree）法等。空间栅格法对空间密度均匀的点云数据有很好的划分，计算速度也很迅速，实现简单，但栅格尺寸不好确定。如果点云数据的空间密度不均匀，则会造成很多无数据的空栅格，造成空间冗余且大大降低计算速度。八叉树法将三维空间依次划分成八个子空间，若某个子空间中包含的数据点数大于给定阈值，则对该子空间继续下一轮的划分，重复上述划分过程直到最小立方体内数据点数小于某个特定阈值或者立方体边长小于特定值。但八叉树法的最小粒度（即点数阈值）较难确定，粒度较大时，可能某些结点的数据量仍比较大，导致后续的搜索效率仍然比较低，粒度较小时，剖分的深度增加需要较大的存储空间，效率也会降低。kd-tree 法最早由 bentlye 通过将二叉查找树扩展到高维空间提出，它在每一层划分时沿某一维将空间分成两个，以此类推，当一个子树中的点数少于给定的阈值时结束划分。由于是二分空间，kd-tree 在邻域查找上比八叉树灵活，对几何结构有较强适应性，而且存储更为紧凑，有较高的搜索与查询效率，具有较大优势。

6.2.2.1　kd-tree

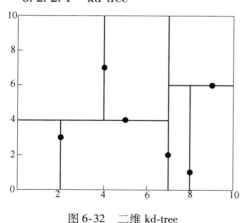

图 6-32　二维 kd-tree

kd-tree（如图 6-32 所示）是计算机科学中使用的一种数据结构，用来组织表示 k 维空间中点集合，能够实现对点云的高效管理和检索。它是一种带有其他约束条件的二分查找树，是一种从二叉搜索树推广至多维检索树的结构形式。kd-tree 对于区间和近邻搜索十分有用。为了达到目的，通常只在三个维度中进行处理，因此，本书所有的 kd-tree 都将是三维 kd-tree。

如图 6-33 所示，kd-tree 的每一级在指定维度上分开所有的子节点，kd-tree 的每个节点都是 k 维点的二叉树，在树的根部所有子节点是以第一个指定的维度上被分开（也就是说，如果第一维坐标小于根节点的点它将分在左边的子树中，如果大于根节点的点它将分在右边的子树中）。树的每一级都在下一个维度上分开，所有其他的维度用完之后就回到第一个维度。建立 kd-tree 最高效的方法是，像快速分类一样使用分割法，把每一个非叶结点都可以视作一个分割空间的超平面。从根结点开始把指定维度的值放在根上，在该维度上包含较小数值的在左子树，较大的在右子树，不断地用垂直于坐标轴的分割超平面将空间划分为两个子空间。然后分别在左边和右边的子树上不断地递归这个过程，直到准备分类的最后一个树仅仅由一个元素组成。

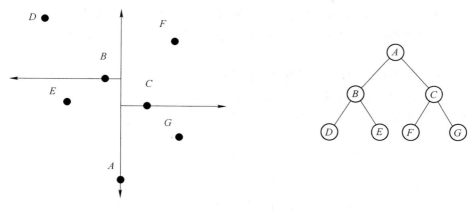

图 6-33 kd-tree 示例

6.2.2.2 基于 kd-tree 的 k 近邻搜索

点云数据模型的邻域关系，一般由数据点的 k 近邻来表示，通过找出相邻点，结合相邻点的属性和特征信息，才能更好地对当前点进行处理。k 近邻搜索是一种用于分类和回归的方法（如图 6-34 所示），其中心思路是：如果一个样本在特征空间中的 k 个最相似的样本中的大多数属于某一类别，那么该样本也属于这个类别。当要确定待定点到底归属于哪一分类中时，可以欧式距离为依据衡量该点 k 近邻的权重，找到与其最近的 k 个点所组成

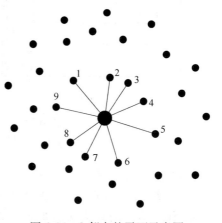

图 6-34 k 邻点的平面示意图

的局部点集（即 k 邻域），而 k 值选取是影响最终岩体结构面分类结果的重要因素。k 近邻搜索效率直接影响到计算法向量、曲率的速度，是后续操作的基础。

对于 k 邻域，若 Λ 是一排列满足：

$$\|p_\Lambda - p\| > 0, \|p_{\Lambda(k)} - p\| \leqslant \|p_{\Lambda(k+1)} - p\|, k \in [1, n-1]$$

则 k 邻域为：

$$N_p^k = \{\Lambda(1), \Lambda(2), \cdots, \Lambda(k)\} \tag{6-14}$$

其中，邻域半径为 $r_p^k = \max\limits_{k-1}^{n}\{\|p_A(k) - p\|\}$。

通常，计算某点的 k 个最近邻域的方法是逐个计算给定点 p 与其余 $n-1$ 个点的欧氏距离，并按从小到大的顺序排列，前面的 k 个点即为候选点的 k 最近邻域。这种方法很直观，然而对于通过激光测量仪采集的海量的点云数据而言，采用这种逐个计算比较的方法耗时巨大，效率低下。本书通过对点云数据建立 kd-tree 索引，进而利用 kd-tree 进行点云邻域搜索。针对 kd-tree 的邻域搜索与二叉树的搜索过程类似，在对每个内部节点上决定沿着哪个方向走，最终查找到所查节点的块。

目前，对 kd-tree 节点是否再分的标准有两种基本的判别方法（如图 6-35 所示）。一种是比较普遍的基于空间范围通过计算欧氏距离来构造欧式点云邻域，如果节点数据的"尺寸"小于给定尺度 R，则节点不需要再分。

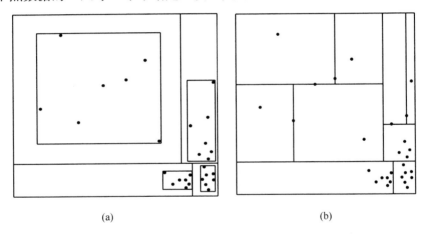

(a)   (b)

图 6-35   kd-tree 节点划分方法
（a）基于点数目划分；（b）基于空间范围划分

假设 kd-tree 的结点为 i，每一个结点都对应一个区域（根结点对应整个点区域），那么结点 i 所对应的区域为 $R(i)$；R 表示所要查找的区域范围。范围查询的函数 $S(i, R)$ 的算法描述如下（如图 6-36 所示）：

（1）首先 $i = root$，即表示从根结点开始搜索；

（2）判断 i 是否为叶子结点，如果是则返回该叶子结点；

（3）如果 R 包含 $R(i)$，那么返回该子树的所有叶子结点；

（4）如果 $S(left(i))$ 和 R 相交，则执行函数 $S(left(i), R)$；否则执行函数 $S(right(i), R)$，最后返回点云邻域 $R(i)$。

另一种是基于点的数目，通过查找该点 k 个邻近点来构造点云邻域。如果某个节点内数据点的个数小于等于 N，则节点不需要再分。该方法通过控制每个

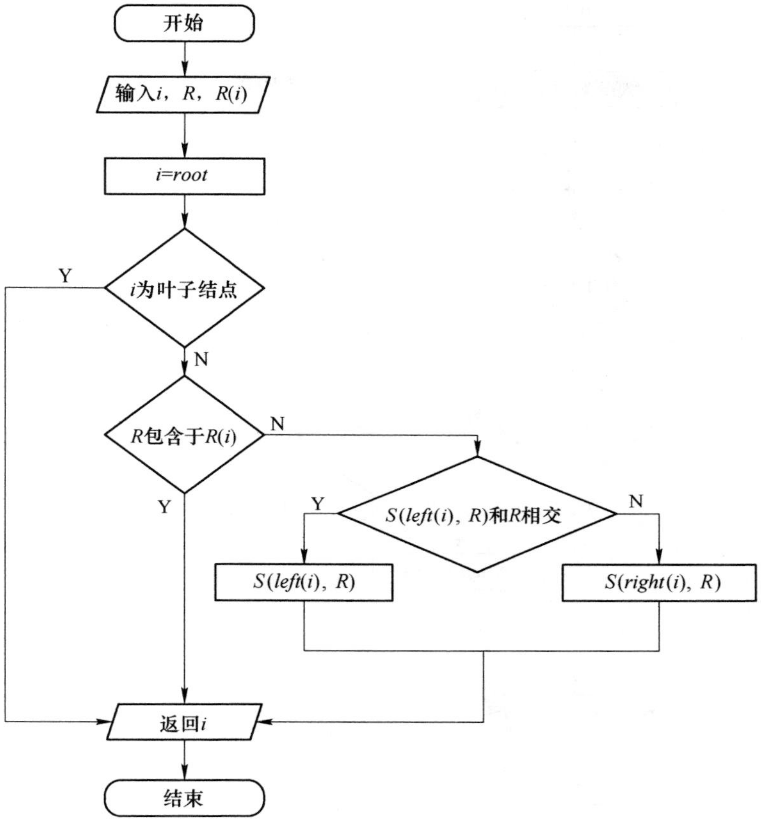

图 6-36　流程图 a

树的叶结点包含空间对象的最大个数来控制分割粒度。

假设 kd-tree 的结点为 i，每一个结点都对应一个区域（根结点对应整个点区域），那么结点 i 所对应的区域为 $K(i)$，k 为 $K(i)$ 中的点的数目；K 表示所要查找的点的数目。数量查询的函数 $S(i, K)$ 的算法描述如下（如图 6-37 所示）：

（1）首先 $i = root$，即表示从根结点开始搜索；

（2）判断 i 是否为叶子结点，如果是则返回该叶子结点；

（3）如果 $K = k$，那么返回该子树的 K 个叶子结点；

（4）如果 $K > k$，则返回该子树的 k 个叶子节点并扩展 $K(i)$，直至 $K = k$ 算法终止。

对于点云中的某一点 p 求其最近的 k 个邻点，首先给定一个初始点数 K，然后计算以该点为中心以点数为阈值的范围内点的个数与 k 进行比较，如果小于 k 则增大搜索范围；如果大于或等于 k 则进行 k 个最近点的搜索，计算范围内的点到 p 的距离，并按照升序排序，取出前 k 个点即为点 p 的 k 邻点。

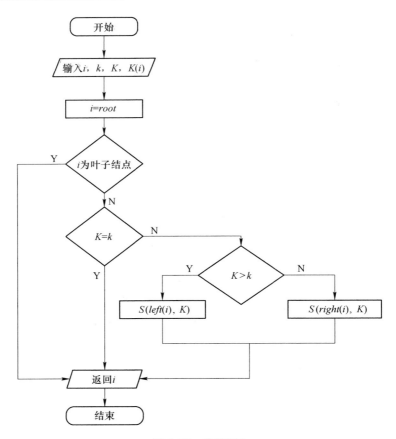

图 6-37   流程图 b

在进行邻域搜索时，如果当前坐标点所在的八叉树叶节点无法找到满足要求的数据集，则必须扩展搜索范围，将与该节点关联的邻近节点并入搜索范围，再次进行搜索，直到找到满足要求的结果或是达到算法终止条件为止。

基于空间范围的判别方法在优化显示时操作比较简单，但对于散乱的点云数据存在一定的缺陷。例如，散乱的点云数据点在某一点处其某一半径内可能存在大量的数据点，也可能存在极少数据点，如果用欧式距离构造点云邻域，则邻域估计并不准确。因此，本书在最近点的查找时采用优势明显的基于点数的判定准则。

6.2.3 岩体结构面识别

岩体由岩块和结构面组成，岩体的稳定性很大程度上取决于岩体中结构面的产状和空间分布规律，而研究空间分布规律最重要的手段就是结构面统计，结构面的科学合理统计对研究岩体稳定性具有至关重要的作用，通过统计分析以查明结构面发育的规律和特点，是正确进行下一步岩体稳定性分析的基础。

走向、倾向、倾角为岩体结构面产状三要素。实际上由倾向和倾角就可以确定这个面的空间展布情况。因此，岩体结构面产状一般仅用倾向 θ 和倾角 φ 进行表述。由于结构面产状表示空间的一个平面，以法向量阈值 dev 作为识别点云数据中的结构面后需根据识别出的点拟合结构面方程平面法线方向的向量 i（x，y，z）进而计算法向量和倾向、倾角。

6.2.3.1　结构面产状计算

获取结构面法向量之后，可根据结构面空间几何关系图，平面法向量 i（x，y，z）与结构面倾向 θ、倾角 φ 的关系式求出结构面的倾向、倾角信息：

$$\begin{cases} x = \sin\theta\sin\varphi \\ y = \cos\theta\sin\varphi \\ z = \cos\varphi \end{cases} \tag{6-15}$$

按照上述公式可获得结构面法向量与 X-Y 平面的法向量（0，0）的交角，即结构面的倾角。

$$\varphi = \arctan\left(\frac{C}{\sqrt{A^2 + B^2}}\right) \tag{6-16}$$

因倾向角度范围为 $0° \sim 360°$，为精确计算倾向方向，需要利用法向量 n 与 Y、Z 轴的余弦值来判断。P 为一结构面，直线 L 为该结构面与水平面的交线，向量 n' 为 P 和 n 的水平投影向量，β 为结构面走向；α、γ 分别为 n 和 X、Z 的夹角，k 为 n 和 Y 轴的夹角，则：

$$\theta = \arctan\left(\frac{B}{A}\right) + M \tag{6-17}$$

$$\begin{cases} M = 0°(A > 0, B > 0) \\ M = 360°(A > 0, B < 0) \\ M = 180°(A < 0, B \neq 0) \end{cases} \tag{6-18}$$

以上讨论是在一般情况下，即结构面的法向量参数 A、B、C 都不为 0 时。而在 A, B, C 存在为"0"或者"1"的情况下，其结构面的产状参数计算见表6-2。

表6-2　结构面产状计算

A	B	C	倾 向	倾角/(°)
0	x	x	$\begin{cases} \text{N}, B \times C > 0 \\ \text{S}, B \times C < 0 \end{cases}$	同上
x	0	x	$\begin{cases} \text{E}, A \times C > 0 \\ \text{W}, A \times C < 0 \end{cases}$	同上
x	x	0	—	90
0	0	1	—	0
0	1	0	—	90
1	0	0	—	90

注：x 表示参数值不为0；"同上"表示与之前的计算公式相同。

6.2.3.2 结构面产状统计图绘制

通过绘制各种结构面产状统计图可进行结构面特征的分析。常用的结构面特征统计图主要包括玫瑰花图、极点图和等密度图，结构面特征统计图实质上是对结构面的产状分区间统计，并以图形的形式表现出来。图形分析法最大的优点是可以直观的看出结构面的分组数目。玫瑰花图是在一维区间上进行统计，极点图和等值线图是在二维区间上进行统计，通过这种分区间统计来提取结构面样本的信息。

结构面产状极点图和玫瑰花图由于作图简便，形象醒目，能比较清楚地反映出主要结构面的方向，有助于分析区域构造，因此常常用于统计结构面的产状。本书分别对识别后的结构面作产状极点图和倾向倾角玫瑰花图。

产状极点图：在极等面积网上圆周方位表示 0°~360° 倾向，由圆心到圆周半径方向表示 0°~90° 倾角。结构面落在极等面积网上的坐标与结构面产状关系为：

$$\begin{cases} x = \dfrac{\beta}{90} \times r \times \cos\left(\alpha \times \dfrac{2\pi}{360}\right) \\ y = \dfrac{\beta}{90} \times r \times \sin\left(\alpha \times \dfrac{2\pi}{360}\right) \end{cases} \qquad (6\text{-}19)$$

式中　x，y——结构面落在极等面积网上的坐标；

　　　　r——极等面积网上的半径；

　　　α，β——结构面倾向和倾角，（°）。

倾向玫瑰花图：以一定间隔按结构面倾向方位角分组，求出各组结构面的平均倾向和结构面数目，用 0°~360° 圆周方位代表结构面的平均倾向，以等于或稍大于按比例尺表示数目最多的一组结构面的线段的长度为圆半径，用半径长度方向代表结构面条数。结构面落在圆平面上的直角坐标与结构面倾向关系为：

$$\begin{cases} x = \dfrac{n}{N} \times r \times \cos\left(\alpha \times \dfrac{2\pi}{360}\right) \\ y = \dfrac{n}{N} \times r \times \sin\left(\alpha \times \dfrac{2\pi}{360}\right) \end{cases} \qquad (6\text{-}20)$$

式中　x，y——结构面落在圆平面上的直角坐标；

　　　　r——圆的半径；

　　　α——结构面倾向，（°）；

　　　n——倾向在某一组结构面条数；

　　　N——按比例尺表示数目最多的一组结构面的条数。

倾角玫瑰花图常常与倾向玫瑰花图叠加在一起，做法与倾向玫瑰花图相同，只是半径长度方向代表结构面的倾角。

极点等密度图把结构面产状用极点形式投影到平面图上，通过计数圆统计极点密度。这种方法得出的极点等密度图规律性不是很明显，为统计分析带来不便。

球面投影分为极射投影和等面投影，均将球面上极点投影到水平面上，如图 6-38 所示。图 6-38 中 ABCD 即为岩体结构面产状样本所表示的平面，OP 为该平面法线，O 表示球心，O″ 和 O′ 分别表示球面的上、下极点。图 6-38 中 P′ 为极点 P 按照等面投影原理投影到水平面 O′ 上的极点，P″ 为 P 按照极射投影原理投影到水平面 O 上的极点。这两类原理的共同特点是投影圆面（O 或 O′）的方位坐标与测量产状的方位坐标一致，投影极点至圆心的距离与产状倾角呈线性关系。

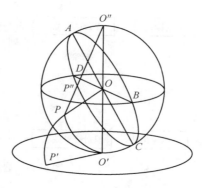

图 6-38　球面投影示意

6.2.4　岩体结构面识别实例

在点云数据精简滤波和结构面识别及产状统计的基础上，以 C ++ 为基础开发语言，基于 Microsoft Visual Studio 2010 开发环境，Qt Designer 作为图形界面开发工具。结合点云库设计开发岩体点云数据分析系统，并且在 VTK 环境中实现点云可视化。

本系统的主要任务是充分利用先进的计算机数据管理技术、影像处理技术和场景可视化技术，采用模块化和面向对象的设计和实现方法，以岩体结构面三维激光测量数据为基础，实现书中所述的点云精简滤波方法和结构面识别统计算法，为下一步的岩体稳定性分析等方面的研究工作做准备。

6.2.4.1　系统总体设计方案

A　设计思路

针对三维激光点云数据的特点，开发岩体点云数据分析系统，其设计思路如下：

（1）对点云数据进行精简滤波处理，去除冗余数据，并降低噪声点的影响；

（2）使用改进的区域生长算法识别出点云数据中的共面点云，视其为结构面，并对点云聚类分割；

（3）拟合结构面平面方程并根据平面法向量和倾向、倾角的关系计算产状；

（4）利用结构面等密度图、玫瑰花图、极点图、赤平投影图对结构面的产状进行统计。

图 6-39 为系统工作的流程图。

B　开发工具

（1）Qt Designer。Qt Designer 是一款用来设计和实现用户界面并能在多平台下使用的软件开发工具。利用 Qt Designer 可以用一种所见即所得的方式，来产生

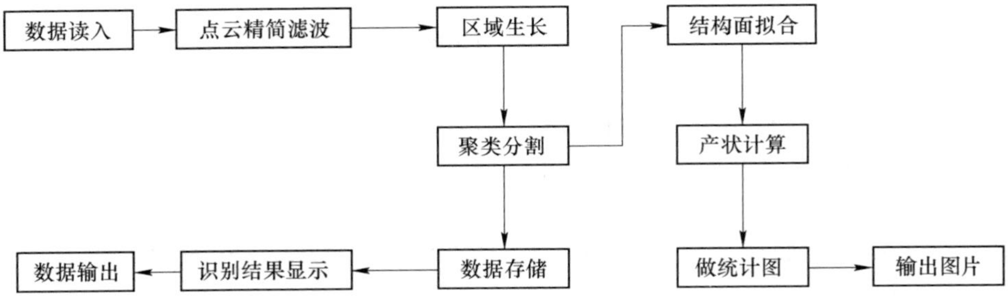

图 6-39　岩体点云数据分析系统流程图

程序的 GUI 界面的代码，加快编写程序的速度。其特有的支持信号和槽机制使部件之间能够进行有效的通信，使界面设计变得简单。

（2）Microsoft Visual Studio 2010。Microsoft Visual Studio 是微软公司推出的开发环境，是目前最流行的 Windows 平台应用程序开发环境。Visual Studio 2010 版本于 2010 年 4 月上市，其集成开发环境（IDE）的界面被重新设计和组织，变得更加简单明了。Visual Studio 2010 支持开发面向 Windows 7 的应用程序。

（3）点云库。点云库（Point Cloud Library，PCL）是在吸收了前人关于点云的相关研究基础上建立起来的大型跨平台开源 C++编程库，是非常理想的点云处理基础研究平台。它实现了大量点云相关的通用算法和高效数据结构，涉及点云获取、滤波、分割、配准、检索、特征提取、曲面重建、可视化等。支持多种操作系统平台，可在 Windows、Linux、Android、Mac OS X 及部分嵌入式实时系统上运行。点云库是 BSD 授权方式，可以免费进行商业和学术应用。其作为 3D 信息获取和处理的结晶，是目前全球最有生命力的 3D 点云处理库。

C　系统功能模块设计

使用 Qt Designer 设计程序界面，借助 Microsoft Visual Studio 2010 用 C++语言编译程序，系统主界面如图 6-40 所示；主要由文件管理、点云精简滤波、结构面识别、产状统计四个模块组成，如图 6-41 所示。

（1）文件管理模块：可以实现输入点云数据、数据格式转换和保存数据。点云数据为离散的点云数据，可包含点云空间三维坐标 X、Y、Z，颜色信息 RGB，法向量及曲率特征。

（2）点云精简滤波模块：分为点云精简、体素化滤波、离群点移除三种滤波方式，实现点云的精简及降低噪声。

（3）结构面识别模块：采用改进的区域生长算法对结构面进行识别，并分割点云数据。

（4）产状统计模块：拟合结构面法向量，计算结构面的倾向、倾角，通过绘制玫瑰花图、极点图、等密度图和赤平投影图对结构面产状进行统计分析。

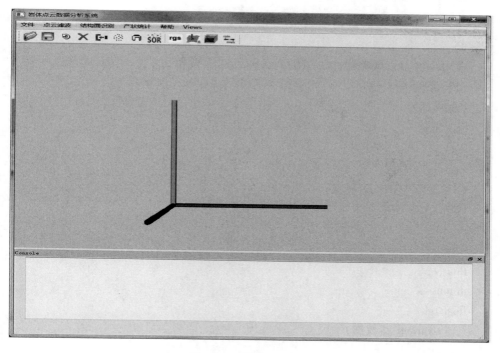

图 6-40 系统主界面图

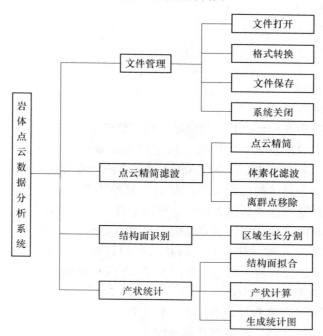

图 6-41 系统模块设计图

6.2.4.2　主要的数据结构

A　点云数据结构

采用三种点云数据结构，分别为 XYZ 型、XYZRGBA 型、Normal 型。

（1）XYZ 型数据：

PointXYZ：

float x；

float y；

float z；

（2）XYZRGBA 型数据：

PointXYZRGBA：

float x；

float y；

float z；

union

float rgb；

（3）Normal 型数据：

Normal：

float normal_ x；

float normal_ y；

float normal_ z；

union

float curvature；

B　点云数据格式

在计算机图形学和计算几何学领域，已经创建了很多格式来描述任意多边形和激光测量仪获取的点云。常用的支持三维点云数据的文件类型有 XYZ、PTS、TXT、PTX 等，这些数据类型都是 ASCII 型，由两个部分组成：第一部分是文件头，第二个部分是具体的三维点数据信息。另外还有二进制的 PLY、OBJ、DXF 这些点云格式，这些格式所包含的信息更为丰富，例如像素信息、面片信息等。

然而，现有的文件结构因本身组成的原因不支持由点云库引进 n 维点类型机制处理过程的某些扩展，而 PCD 文件格式能很好地补足这一点。因此，最终要将这些数据格式的文件统一转化为如图 6-42 的 PCD 结构。

PCD 文件的主要优势为：

（1）能更好的存储和处理有序点云数据集。

（2）支持 ASCII 和二进制两种存储模式。

（3）能存储不同的数据类型，使得点云数据在存储和处理过程中适应性强

```
# .PCD v0.7 - Point Cloud Data file format
VERSION 0.7
FIELDS x y z
SIZE 4 4 4
TYPE F F F
COUNT 1 1 1
WIDTH 502666
HEIGHT 1
VIEWPOINT 0 0 0 1 0 0 0
POINTS 502666
DATA ascii
1.031  -1.031  0
1.034  -1.034  0.001
1.025  -1.025  0.003
1.032  -1.032  0.004
1.035  -1.035  0.009
1.040  -1.040  0.013
1.024  -1.024  0.015
1.024  -1.024  0.021
```

图 6-42　PCD 点云文件的数据结构

并且高效。

（4）文件格式能最大程度上适应点云库，获得点云库的最佳性能。

系统使用的点云数据都是 PCD 格式。

6.2.4.3　系统主要功能的实现

A　点云精简滤波模块

首先使用文件管理模块的打开选项输入点云数据，输入完毕系统显示点云图像，然后使用点云精简滤波模块的点云精简、体素化滤波、离群点移除选项进行点云精简滤波，此时需要进行参数选取（如图 6-43 所示），参数选取完成之后，系统进行精简滤波计算，计算完成后点云数据可视化图像自动刷新。此时可以上下滚动鼠标中键进行图像放大缩小及移动，也可以按住鼠标左键进行图像旋转，观察图像，检查滤波效果，如果效果不好可以重新执行点云精简滤波模块的各选项，直到滤波效果满意为止。

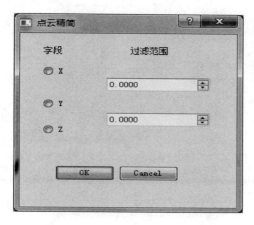

图 6-43   滤波参数设置

B   岩体结构面识别模块

在岩体结构面识别模块下，可以执行区域生长分割选项，选取识别参数（如图 6-44 所示），可以根据结构面点云数据大小要求确定分割点云数量的上下限，根据结构面平整度要求确定平滑阈值及曲率阈值，最终识别出不同结构面并用不

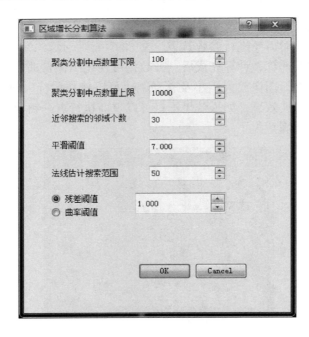

图 6-44   区域生长参数设置

同的颜色显示，如果效果不好可以重新设置参数执行区域生长，直到结构面识别效果满意为止。

C 产状统计模块

执行产状统计模块的结构面拟合选项，选取适当的搜索半径计算结构面法向量（如图6-45所示），然后将计算出的结构面法向量值输入到产状计算对话框（如图6-46所示），计算出结构面的产状。

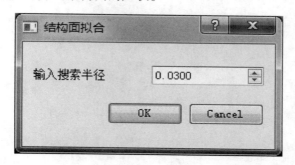

图 6-45 结构面拟合参数设置

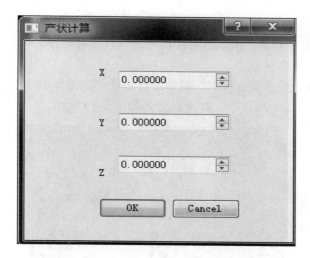

图 6-46 产状计算对话框

产状计算完毕后，执行产状统计模块的生成统计图，弹出如图6-47所示的对话框，将 TXT 文件导入后点击相应按钮生成相应的统计图，并且可将生成的统计图导出。

6.2.4.4 系统运行实例一

采用三维激光数字测量仪对某大型储油硐室进行单站测量得到点云数据。该测量仪由激光测距仪和引导激光等角速度测量的反射棱镜组成，测量距离达到

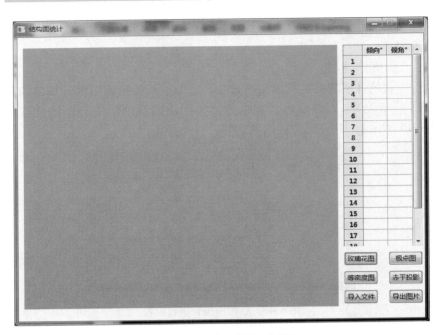

图 6-47　结构面统计对话框

100m，测量精度为 1mm，测量范围在水平及垂直方向均为 360°。

A　点云数据的获取

使用三维激光数字测量仪对该硐室进行测量（如图 6-48 所示），测量距离约 50m，得到测量点 1480267 个，测量点云图如图 6-49 所示。

图 6-48　现场测量图

B　点云预处理

使用点云精简对点云去除冗余数据，过程耗时极短，点云精简前测量点数目为 1480267 个，精简后测量点数目为 601268 个（如图 6-50 所示）。

图 6-49　点云数据可视化

图 6-50　点云精简

点云精简后执行体素化滤波，滤波前点云数量为 601268 个，设置体素为 $1cm^3$，滤波后点云数量为 600579 个（如图 6-51 所示）。

图 6-51　体素化滤波

最后执行离群点移除，移除前点云数量为 600579 个，设置查询点邻近数为 50，标准阈值为 5cm，滤波后点云数量为 600401 个（如图 6-52 所示）。

　　C　识别岩体结构面

阈值是很关键的参数，取值大小直接影响到区域生长的成败与质量。如果阈值取值过大或过小，会增大周围点的影响，使之不能正确反映目标对象信息，从而降低识别聚类的质量，甚至导致识别聚类的失败。阈值的确定随点云密度和目

图 6-52   离群点移除

标对象表面特性而变化。但对这些阈值的指定并没有形式化的方法，并且由于激光测量时的测量精度不同，也可能会造成对同一幅场景点云图像的阈值设置不同，所以对这些阈值的设定需要考虑其具体的效果，并分析不同效果的缺陷来修正阈值从而逐渐逼近最佳的阈值。参数设置见表 6-3。

表 6-3   结构面识别参数设置

序号	最小值	最大值	k	平滑度	半径	阈值
1	100	1000000	50	2	30	1
2	100	1000000	50	3	30	1
3	100	1000000	50	4	30	1
4	100	1000000	50	3	30	0.5
5	100	1000000	50	3	30	2
6	100	1000000	50	3	30	3

使用不同的颜色绘制不同的结构面，以便观察识别效果。识别结果可视化后如图 6-53 所示。

(a)

图 6-53　不同阈值的识别情况

（a）平滑度 = 2，曲率阈值 = 1；（b）平滑度 = 3，曲率阈值 = 1；（c）平滑度 = 4，曲率阈值 = 1；

（d）平滑度 = 3，曲率阈值 = 0.5；（e）平滑度 = 3，曲率阈值 = 2；（f）平滑度 = 3，曲率阈值 = 3

经过比较可以发现当平滑度取 3，曲率阈值取 1 时，识别效果最好。对于图 6-53（b）圈定区域放大后如图 6-54 所示。

(a)

(b)

(c)

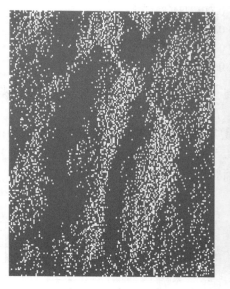

(d)

图 6-54　局部放大图

D　绘制岩体结构统计图

对于分割出的单个结构面使用结构面拟合功能进行拟合后，得到其法向量，数据结构如下所示：

```
# . PCD v0. 7-Point Cloud Data file format
VERSION 0. 7
FIELDS normal_ x normal_ y normal_ z curvature
SIZE 4 4 4 4
TYPE F F F F
COUNT 1 1 1 1
WIDTH 141511
HEIGHT 1
VIEWPOINT 0 0 0 1 0 0 0
POINTS 141511
DATA ascii
 − 0. 044525318 − 0. 98409408 − 0. 17197762 0. 0017833808
 − 0. 044468295 − 0. 98409235 − 0. 17200232 0. 0017923662
 − 0. 044449180 − 0. 98411739 − 0. 17186399 0. 0018098012
 − 0. 044402730 − 0. 98412681 − 0. 17182204 0. 0018135674
 − 0. 044371627 − 0. 98413306 − 0. 17179459 0. 0018157915
 − 0. 045398500 − 0. 98391730 − 0. 17275910 0. 0017519913
```

$-0.044182396 -0.98395008 -0.17262913\ 0.0017484085$
$-0.044107145 -0.98395878 -0.17259870\ 0.0017503718$
$-0.044037612 -0.98396873 -0.17256069\ 0.0017468241$
$-0.044006502 -0.98399311 -0.17242947\ 0.0017530895$

可得该结构面各点的法向量近似与（-0.044，-0.984，-0.171）共线，拟合效果比较理想。

根据计算出每个结构面的法向量计算产状，得到倾向、倾角后对识别出的所有结构面分别做走向玫瑰花图（如图 6-55 所示）、极点图（如图 6-56 所示）和等密度图（如图 6-57 所示），并做储油洞库岩壁面与选取的两组结构面的赤平投影图（如图 6-58 所示）。

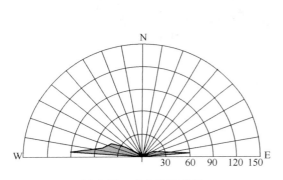

图 6-55　走向玫瑰花图

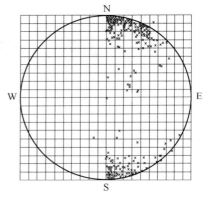

图 6-56　极点图

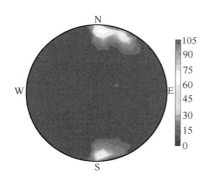

图 6-57　等密度图

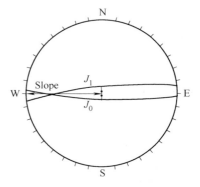

图 6-58　赤平投影图

6.2.4.5　系统运行实例二

由于对某一待测区进行三维激光测量时，一般很难通过仅仅一站的测量获取整个对象的全部表面点云。因此，需要多站测量，然后将多站测量的点云拼接成一个整体点云，使所有点云处于同一坐标系下，该配准过程是点云数据处理十分重要的一步。目前点云配准方法主要有三种：一种方法是在待测量区域建立控制网，在已知点上设站，并且同时需要测量已知控制点上的标靶，这样增加了测量作业的难度和复杂度，而且标靶在已知点上对中，测量并且拟合标靶中心都会引入一定的误差；另一种方法是通过人工提取几何特征点，通过人工提取的同名特征信息进行配准；还有一种方法称为迭代法，即在不需要任何控制信息的情况下，进行点云自动化匹配，达到精配准的目的。

A　点云数据的获取及预处理

实例二采用设定 A、B 两个相隔 50m 的测站测量得到两组洞壁点云数据 A 和 B（如图 6-59 和图 6-60 所示），导入到岩体点云数据分析系统中精简滤波后（如图 6-61 和图 6-62 所示），选用 Geomagic Studio 2012 手动提取特征点实现数据的配准（如图 6-63 所示），获取完整的点云数据。

图 6-59　原始点云 A

图 6-60　原始点云 B

B　岩体结构面识别及统计

将配准后的数据再次导入岩体点云数据分析系统进行岩体结构面的识别及产状统计。识别参数的设置遵循表 6-3，识别结果如图 6-64 所示，当平滑度为 3，曲率值为 1 时识别效果最好，对该阈值下得到的 256 条结构面进行产状计算与统计，统计结果如图 6-65 所示。

图 6-61   精简滤波后点云 *A*

图 6-62   精简滤波后点云 *B*

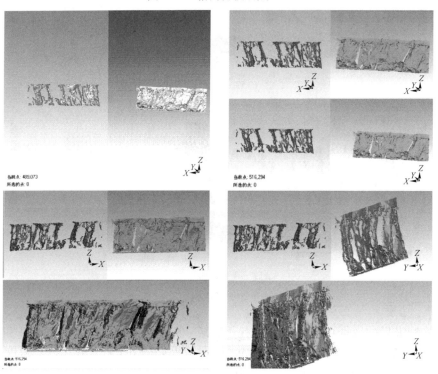

图 6-63   Geomagic 配准过程

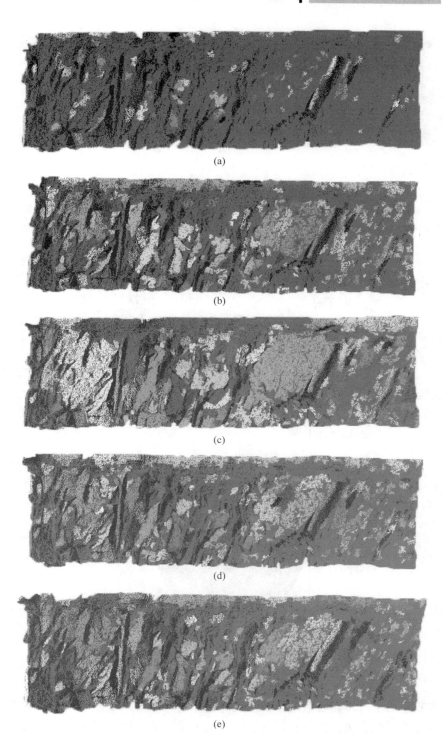

(a)

(b)

(c)

(d)

(e)

(f)

图 6-64　不同阈值的识别情况

（a）平滑度 = 2，曲率阈值 = 1；（b）平滑度 = 3，曲率阈值 = 1；（c）平滑度 = 4，曲率阈值 = 1；
（d）平滑度 = 3，曲率阈值 = 0.5；（e）平滑度 = 3，曲率阈值 = 2；（f）平滑度 = 3，曲率阈值 = 3

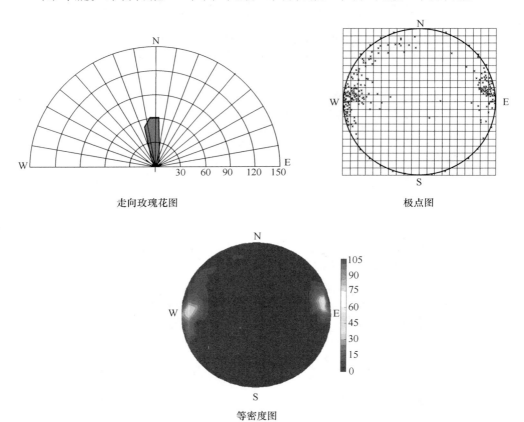

走向玫瑰花图　　　　　　　　　　　　　　　极点图

等密度图

图 6-65　产状统计图

　　本节介绍了岩体点云数据分析系统的整体设计方案，阐述了该系统的设计思路和系统的功能模块，接着针对点云库定义了主要的三种数据结构，然后详细介绍了系统的主要功能实现，最后以某大型储油硐室工程实例对系统进行检验，该系统对点云数据进行了精简滤波，精简滤波效果比较理想，采用改进的区域生长法识别结构面，识别效果较好，并对岩体结构面的产状进行了统计。

6.3　地下开采爆破效果分析

6.3.1　工程背景

本次中深孔爆破以内蒙古某金矿急倾斜薄矿脉为工程背景。矿体产于 NW 向断裂构造中，长度 50m，高 40m，矿体宽度从南到北，从 1.25m 到 2.1m 不等，矿体平均品位 1.49g/t，产状走向 320°，倾向 SW，倾角 55°~75°，脉壁光滑呈舒缓波状。矿石类型为含金黄铁矿构造蚀变岩型，矿石较破碎，主要由破碎蚀变岩组成，金属硫化物呈浸染状、团块状、细脉状分布于破碎蚀变岩中。计划采用中深孔采矿法进行回采。爆破地点的中段平面图如图 6-66 所示。

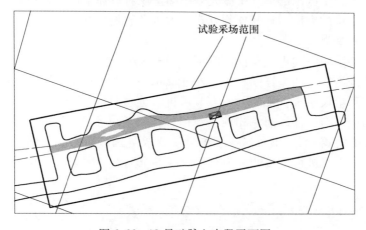

图 6-66　18 号矿脉七中段平面图

本次爆破选择切割天井右侧区域，以切割天井为自由面进行爆破（如图 6-67 所示）。设计采用 2:2 的"方型"布孔形式，炮孔平行于矿体布置，直径 60mm，最小抵抗线为 1.0m，孔间距为 1.2m，孔深 12m，填塞长度为 1.5m，本次爆破两排炮孔。炸药选用规格为 ϕ40mm，长度为 50cm 的乳化药卷，人工进行装药。

6.3.2　测试方案

6.3.2.1　探测方式

利用三维激光数字测量仪进行空区探测，必须具备一个前提条件，将三维激光数字测量仪探头深入到采空区。因此，要求具有一个不小于 25cm 的通道，保

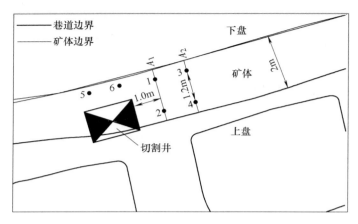

图 6-67   中深孔爆破设计

证设备能深入到空区内部。三维激光数字测量仪对目标空区的探测，根据其安装方式及坐标定位的方法，将其探测方式分为水平和垂直两种。

A   水平探测

采用水平探测方式进行空区测量时，其仪器设置如图 6-68 所示。在通道口外侧架设两个桅杆，两桅杆间相距不小于 2m，在桅杆上架设吊杆。吊杆是由三维激光数字测量仪系统自带的一套多节可拆装连接杆（杆 A、B、C、D、E）连接而成，测量头与吊杆最前端相连接，吊杆探出长度不大于 7m（即吊杆前端与前桅杆之间的距离）。三维激光数字测量仪获取空区边界点的坐标记录方式是相对于测量头中心点进行记录的，为获得空区各个测点实际坐标，需要确定测量头

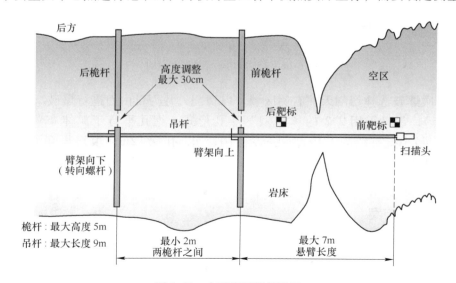

图 6-68   水平探测仪器设置

中心点的坐标位置。而测量头中心点的位置是通过架设的两个靶标的位置所确定的。在距离测量头中心点 0.25m 的定位红灯处放置前靶标，在距离前靶标大于 2m 的连接杆上放置后靶标，通过全站仪可精确测定两个靶标中心的坐标（如图 6-69 所示）。

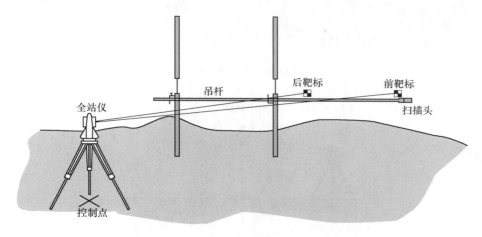

图 6-69　测量头定位安装示意图

B　垂直探测

采用垂直探测方式进行空区测量时，其仪器组装如图 6-70 所示。由连杆（如图 6-71 所示）、连接条、锁闭杆、三维激光数字测量仪固定器集合、三维激光数字测量仪连接器和测量头等组件组成。仪器组装完毕后，需将锁闭杆调整至保持水平后才能开始测量。与水平探测方式类似，在进行垂直探测时为了获得空区各个测点的实际坐标，需要确定测量头中心点的坐标位置。在垂直探测方式时，其测量头中心点位置是由机器的中心点坐标值与机器的方位角确定的。其机器中心点坐标的计算如图 6-72 所示，其水平坐标由竖杆杆顶位置点的水平坐标确定，高程由竖杆杆顶位置点的高程和高程 A 与高程 B 之和确定。机器的方位角等于锁闭杆的方位角 +90°。

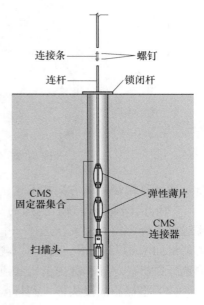

图 6-70　垂直探测组装示意图

6.3.2.2　金厂沟梁金矿现场空区探测方案

待出矿完毕后，即可以利用三维激光数字测量仪进行爆破后空区的全方位测

图 6-71　连接杆示意图

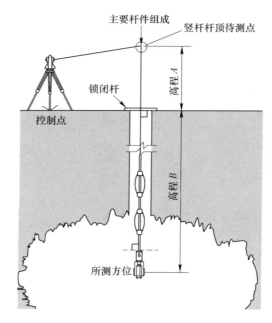

图 6-72　垂直探测坐标计算示意图

量工作，其现场测试方案如下：

（1）根据现场爆破后空区的具体情况，综合考虑安全、便于架设设备和便于进行坐标定位等因素，选择一个或多个设备架设地点进行探测设备的安装，设备架设如图 6-73 所示，为了对本次爆破后的空区进行精确的描述，本次空区探测选择在出矿穿脉和脉内凿岩巷道两个测点进行探测，探测方案如图 6-74 所示。

（2）将探测测量头伸入到待测空区内，注意尽量让测量头能兼顾到采空场的全范围。

（3）仪器架设完毕后，可通过笔记本电脑通过无线连接的方式实时监控探测过程。

（4）探测数据的全局坐标校核，采用全站仪测定三维激光数字测量仪三维

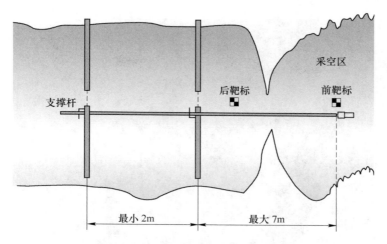

图 6-73　三维激光数字测量仪架设

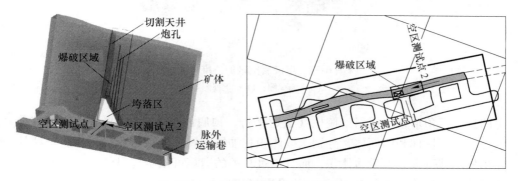

图 6-74　金厂沟梁金矿空区探测点分布

激光测量仪的支撑杆上的两个靶标点的坐标，并通过计算获取测量头几何中心点的坐标，进而获得测量数据点的真实三维坐标。

（5）探测完毕后，拆下仪器，对探测的点云数据进行后处理。

6.3.3　测试数据

对采场首次中深孔爆破后的空区进行三维激光测量。测量完成后，采用三维激光数字测量仪 V400 控制软件输出包含采空场 x，y，z 坐标值的 TXT 文件，并将该文件直接导入到 Geomagic 软件中，即可得到采空区的三维模型（如图 6-75 所示）。

6.3.4　测试结果

6.3.4.1　爆破后空区体积计算

空区体积的计算基本思路是将空区表面的三角形与某一水平面（模型底面）

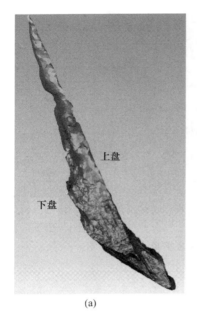 

(a)　　　　　　　　　　　(b)

图 6-75　爆破后空区的三维模型

(a) 侧视图；(b) 正视图

上的投影三角形组合成斜三棱柱（棱边平行，顶底面不平行），再将斜三棱柱分解为一个三棱柱和四面体，分别求取体积相加即为斜三棱柱体积，再将斜三棱柱体积累加即可得到地质体体积，而且通过相关的运算可以实现对任意复杂形状的空区体积的计算。如图 6-75 所示的采空场三维模型，由于模型的上下表面都为 TIN 面，分别求取 TIN 面与模型底面投影包围形成的空间体体积，然后相减得到采空场的体积。

运用 QVOL 软件对所形成的爆破后空区三维形态模型的体积进行计算，如图 6-76 所示。

通过计算得到首次爆破后采空去的体积为 $V = 69.91\text{m}^3$，去除爆破前已有空区体积 33.54m³，可以得到本次爆破共崩落矿石的体积为 36.37m³。本次爆破后空区的边界范围为 $x_{\text{distance}} = 6.508\text{m}$；$y_{\text{distance}} = 7.76\text{m}$；$z_{\text{distance}} = 20.05\text{m}$。

6.3.4.2　金厂沟梁金矿采场回采指标评价

将测量得到的空区三维坐标真实化，与所建立的矿体三维模型进行复合，得到了 7182 采场首次爆破实际探测空区模型与设计回采模型的复合图，如图 6-77 所示。根据所建立的 7182 采场回采 3D 数据库即可精确地进行采场回采质量指标的评价。

（1）采场损失率计算。通过建立的矿体采空区复合模型与采空区实体模型，

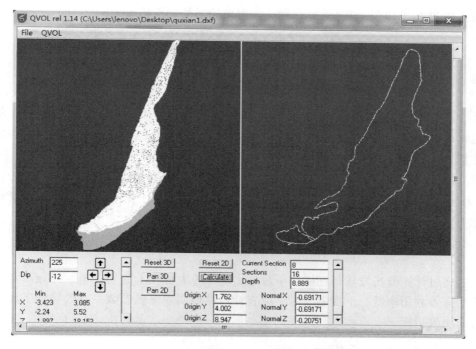

图 6-76 运用 QVOL 计算采空区体积

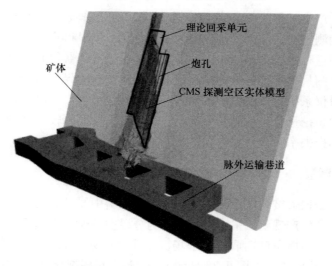

图 6-77 7182 采场实际探测空区模型与设计回采模型复合图

利用 Geomagic 软件中的差、并、交命令去除两个实体模型的公共部分，最终得到爆破完成后矿体的欠挖矿量。通过 Geomagic 软件中的实体体积功能得出 7182 矿块首次爆破的回采单元体积为 43.75m³，爆破后空区体积为 36.37m³，复合模

型体积为 46.21m^3，通过计算得到首次爆破的采场欠挖矿量为：

$$V_{欠挖} = V_{合并模型} - V_{空场模型} = 46.21 - 36.37 = 9.84\text{m}^3$$

采场矿石损失率为：

$$p = \frac{D}{Q} = \frac{V_{欠挖}\rho_{矿石}}{V_{设计模型}\rho_{矿石}} \times 100\% = \frac{9.84}{43.75} \times 100\% = 22.5\%$$

（2）矿石贫化率计算。应用 Geomagic 软件对复合模型与矿体模型进行布尔运算处理，即可以得到爆破完成后空区的超挖矿量，通过 Geomagic 软件的实体体积计算功能计算得到首次爆破的采场超挖矿量为：

$$V_{超挖} = V_{合并模型} - V_{设计模型} = 46.21 - 43.75 = 2.46\text{m}^3$$

取矿石品位为 $2.70\text{g}/\text{cm}^3$，岩石品位为 $2.85\text{g}/\text{cm}^3$ 计算得到采场矿石的贫化率为：

$$r = \frac{R}{Q' + R} = \frac{V_{废石超挖}\rho_{岩石}}{V_{采下矿石}\rho_{矿石} + V_{废石超挖}\rho_{岩石}} \times 100\% = 7.11\%$$

通过计算分析发现，在矿体下盘处出现了较大程度上的欠挖量，导致下盘炮孔的有效利用率低。下次爆破时，应有针对性地调成爆破参数，有效控制下盘矿石的回收指标。

6.4   空场法损失贫化统计分析

在矿山生产中，损失率与贫化率是衡量矿山开采效果的重要技术指标。因此，如何精确测定和控制生产过程中的损失贫化率就显得意义重大。然而，在传统的采矿管理过程中，贫化率和损失率的计算难以准确获得开采贫损指标。由于三维激光数字测量仪系统可以精确测定采空区的实际边界和体积。因此，将三维激光数字测量仪系统与三维图形软件或采矿软件相结合，可以比较精确的测定实际采矿过程中超挖量、欠挖量及采场内存留矿量，从而可较为准确地计算出各个采场贫化率和损失率。

6.4.1   工程背景

本次空场法损失贫化统计分析以某金矿缓倾斜中厚矿脉为工程背景。根据矿体的赋存条件及生产现状，采矿方法确定为分段空场嗣后充填采矿法。根据矿山具体生产条件与地质条件选取试验采场。工业试验采场布置于某矿区 -450m 中段大巷 111100 号采场（如图 6-78 所示）。试验采场沿矿体走向方向位于 100 勘探线与 98 勘探线之间，垂直方向上位于 -459m 水平至 -439m 水平之间。111100 采场的矿石平均品位为 $2.03\text{g}/\text{t}$。该采场控矿构造为矿体上盘的焦家主断裂，矿体赋存于主断裂下盘蚀变带内，主断裂控制矿体的上盘边界。在断裂面上发育有一层厚约 5cm 的黑色断层泥，岩体中等稳固。

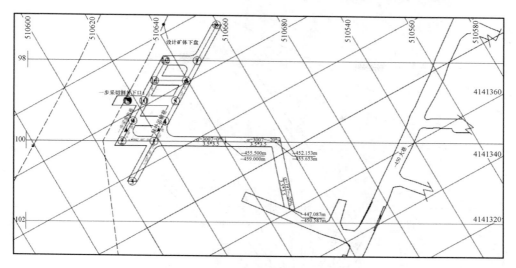

图 6-78   -450m 大巷采场施工示意图

在位于出矿平巷两侧的凿岩平巷中，沿全长凿上向扇形中深孔，炮孔直径65mm，炮孔深度一般为 10~20m，最大凿岩深度为 25m 左右，密集系数取 1.2，爆破排距为 1.5~1.8m，孔底距为 1.8~2.2m 之间，崩矿步距取 2~3 排为宜。采用间隔不等长的堵塞方式。最小堵塞长度为 1.5m，最大堵塞长度为 4m。炮孔施工示意图如图 6-79 所示。

6.4.2 测试方案

当一步采采场回采工作施工完毕，利用三维激光数字测量仪进行爆破后空区的全方位测量工作，其现场测试方案如下：

（1）根据现场爆破后空区的具体情况，综合考虑安全、便于架设设备和便于进行坐标定位等因素，选择一个或多个设备架设地点进行探测设备的安装，为了对本次爆破后的空区进行精确的描述，本次空区探测选择在 -439m 分段充填平巷和 -450m 分段一步采凿岩巷两个测点进行探测，-439m 分段充填平巷测点探测方式如图 6-80 所示，-450m 分段一步采凿岩巷测点探测方式如图 6-81 所示，测点分布如图 6-82 所示。

（2）将探测测量头伸入到待测空区内，注意尽量让测量头能兼顾到采空场的全范围。

（3）仪器架设完毕后，可通过笔记本电脑通过无线连接的方式实时监控探测过程。

（4）探测数据的全局坐标校核，采用全站仪测定三维激光数字测量仪三维激光测量仪的支撑杆上的两个靶标点的坐标，并通过计算获取测量头几何中心点的坐标，进而获得测量数据点的真实三维坐标。

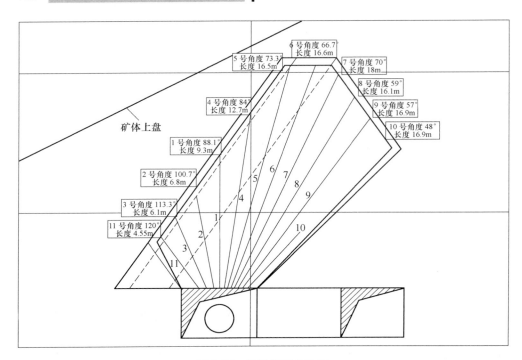

图 6-79   炮孔施工示意图

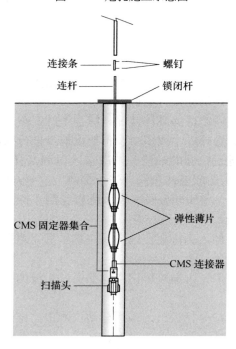

图 6-80   −439m 分段充填平巷测点探测方式示意图

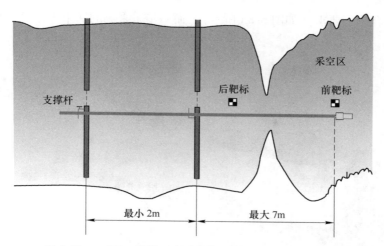

图 6-81   -450m 分段一步采凿岩巷测点探测方式示意图

（5）探测完毕后，拆下仪器，对探测的点云数据进行后处理。

6.4.3 测试数据

当测量完成后，采用三维激光数字测量仪 V400 控制软件输出包含采空场 x，y，z 坐标值的 TXT 文件，并将该文件直接导入到 Geomagic 软件中，即可以得到采空区的三维模型。得到的测量结果如图 6-82 所示。

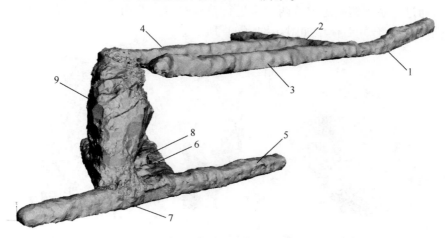

图 6-82   一步采空区 -15.2.15 测试三维激光数字测量仪空区测量三维效果图

1——-439m 联络道；2——-439m 脉外运输巷；3——-439m 探矿穿脉；4——-439m 充填巷道；

5——-459m 联络道；6——-459m 脉外运输巷；7——-459m 凿岩巷道；

8——-459m 穿脉；9——试验采场空区

将空区测量图与设计模型复合，对比观察可知采准切割巷道施工较为准确，基本上符合施工要求（如图 6-83 所示）。而一步采采场的回采工作上盘有部分欠挖和超挖。

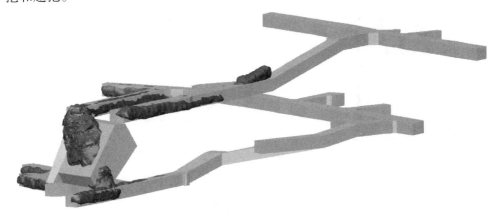

图 6-83   空区测量三维效果图与设计模型复合模型

6.4.4   测试结果

6.4.4.1   一步采超、欠挖量

对设计模型和采空场的实体模型进行合并操作。具体过程是，在 3DMINE 中同时调入设计模型（如图 6-84（a）所示）和空区测量模型（如图 6-84（b）所示），通过一系列精确定位将两模型进行精确复合，调用布尔运算命令将两模型进行了合并，合并后模型如图 6-84（c）所示。

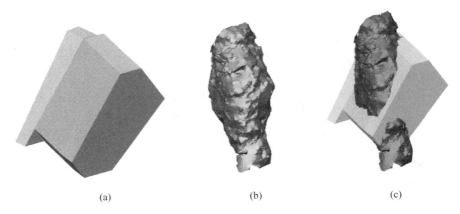

(a)   (b)   (c)

图 6-84   空区测量模型与设计模型

（a）设计模型；（b）空区测量模型；（c）空区测量模型与设计模型合并模型

在 3DMINE 中调用实体工具分别计算出设计模型体积、空区测量模型体积及合并后模型的体积。通过布尔运算计算超挖量、欠挖量。焦家金矿一步采爆破设

计总体积 $V_s = 2112.69\text{m}^3$；实际放出矿体体积 $V_f = 2290.73\text{m}^3$；超挖量体积 $V_c = 455.74\text{m}^3$；采场欠挖体积：$V_q = 449.93\text{m}^3$。实际爆破体积由于现场施工组织的问题导致焦家金矿一步采回采工作超、欠挖量较大。

6.4.4.2　损失贫化率估算

由于焦家金矿矿体下盘与围岩呈渐变过渡关系，无明显的边界线，因此只能通过设计的超欠挖量估算一步采损失贫化率。

试验采场矿石损失率：

$$p = \frac{D}{Q} = \frac{V_q \rho}{V_s \rho} \times 100\% = \frac{449.93}{2112.69} \times 100\% = 21.3\%$$

试验采场矿石贫化率：

$$r = \frac{R}{Q' + R} = \frac{V_c \rho}{V_s \rho + V_c \rho} \times 100\% = 17.7\%$$

由于现场实际施工组织的问题，导致上盘有一部分矿石跨落，致使一步采损失与贫化比理论值大很多。

基于三维激光数字测量仪和焦家金矿实际情况构建了超挖量、欠挖量、炮孔爆破效果、损失率和贫化率这五种矿山开采效果评价指标。总结了一种基于三维模型简单高效地计算各指标的方法——局部剖切法计算各评价指标。通过计算得到焦家试验采场的矿石损失率为21.3%，矿石贫化率为17.7%，并分析误差产生原因，同时也为后续现场实验参数选取提供依据。

6.5　地下工程岩体稳定性分析

由于地下工程探测条件复杂，目前在地下采空区精细探测方面，国内外均处于起步和探索阶段，其中地震法、电阻率法、电磁法、常规电法以及近些年出现的三维地震探测技术、地震 CT 探测技术、探地雷达（GPR）探测法等探测技术其精度仅能满足一般工程要求，不能严密、精确的显示采空区真实形态，但三维激光数字测量技术可全空间量测地下工程空间原貌，是目前精确度最高的量测手段。

随着计算机科学的快速发展和各学科间的交叉融合，对于岩体质量分级也有一些智能分级方法，如神经网络分类、模糊综合分类、灰色聚类分类、专家系统分类等，这些方法丰富了岩体质量分级。本部分主要通过岩体稳定性分级与三维激光数字测量技术相结合，进而深入探讨岩体稳定性分级方面的应用。

本部分以某地下储油洞库为例，地下储油库断面尺寸为：19m×24m（宽×高），长934m 的地下储油库。

6.5.1　某地下储油库三维模型构建

三维激光数字测量系统自身配备有三维模型显示软件 QVOL，将原始探测数据文件转化为 TXT 格式文件后导入 QVOL 软件后可形成线框图形（Polyline）和网格图形（mesh），如图 6-85（a）、（b）所示，并可计算模型体积、剖面面积等。QVOL 操作较方便，但无法获得直观的实体模型，且计算结果受模型方位设置及剖面划分等因素限制，计算结果误差相对较大。运用大型三维矿业软件SURPAC 可以很好地解决以上问题，所建三维模型具有三维可视化效果好、计算精度高等优点（如图 6-85（c）所示）。

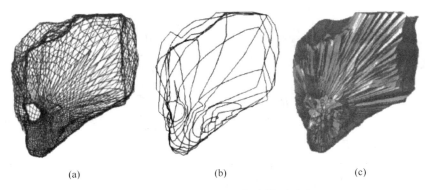

(a)   (b)   (c)

图 6-85　不用空间三维构建模型对比
（a）网格模型；（b）线框模型；（c）实体模型

6.5.2　某地下储油库三维建模方法

三维激光数字测量仪探测所保存的数据格式为"TXT"文件，将其导出后，利用其自身携带的"三维激光数字测量仪 PosProcessV15"软件，将探测数据转化为"XYZ"文件，并利用 Dimine 数据导入接口将"XYZ"格式文件转换成实体模型"DTM"格式文件。在 Dimine 中进行"OTM"文件有效性验证，验证通过后利用 Surpac 的实体模型编辑工具对空区模型进行必要的编辑，经再次验证修改后的实体模型合格后，则采空区三维模型构建成功。图 6-86 为模型构建步骤图。

6.5.2.1　某地下储油库三维模型

运用 Dimine 软件，根据测量数据生成地下空间三维模型如图 6-87 所示。

6.5.2.2　某地下储油库断面获取

采用 Dimine 软件带有的三维断面截取功

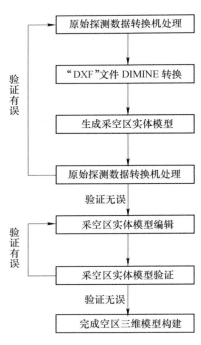

图 6-86　块体模型构建步骤

图 6-87 三维激光数字测量主视图

能，对空区三维模型进行等密度的断面截取，获取如图 6-88 的空区断面图。本次处理断面精度取值为 0.1m，在 40m 长的有效测量范围模型中做出距离相等的 4000 片空区断面图。

在使用原始点云数据简历原始三维模型之后，可以根据需要对三维模型进行去噪处理，去除测量过程中因为硬件条件和现场因素产生的非正常点，从而获取复合现场实际情况并且实验需要的区域模型。

图 6-88 空区等密度断面图

本书主要对空区断面进行分析，所以在 Dimine 获取三维模型，并且进行切片处理之后，将 Dimine 切片模型导出为 DWG 格式，采用 AutoCAD 进行二维断面处理，导入到 AutoCAD 中的各断面如图 6-89 所示。

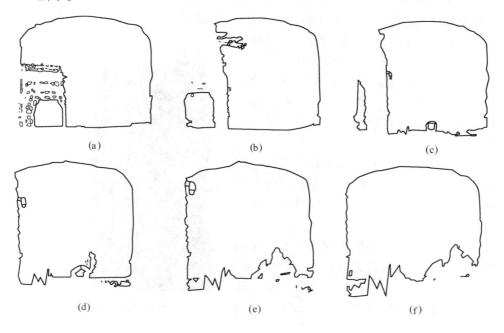

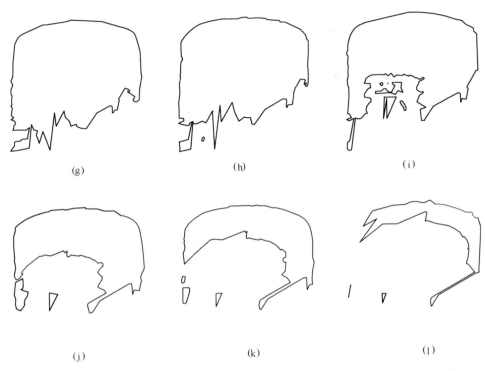

图 6-89　空区断面等密度断面（未处理）

如图 6-89 所示，输出的断面图非常不规则，且因为硬件和环境问题产生了很多噪点和缺失点。因此，采用 AutoCAD 进行了二次处理，去除噪点，并且对缺失点进行补充，形成较为完整的等密度断面图。

6.5.2.3　等密度断面图处理

根据本次试验需求，在图 6-89 中的地下空间三维模型中，获取如图 6-90 的复合现场实际和试验要求的三段地下空间三维模型。

根据测量区域的实际工程情况，选取测量区域中三个部分作为三种冒落情况的代表，并且对此三个区段的测量数据进行更进一步的处理。

经过 AutoCAD 后期去噪和补充，得到如图 6-91 所示的断面轮廓。

图 6-91（a）～（f）中，点数据缺失较少，超过测量仪 60m 之后的点云密度因为

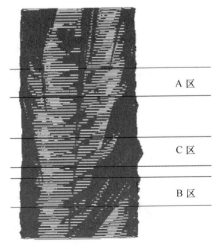

图 6-90　模型分区

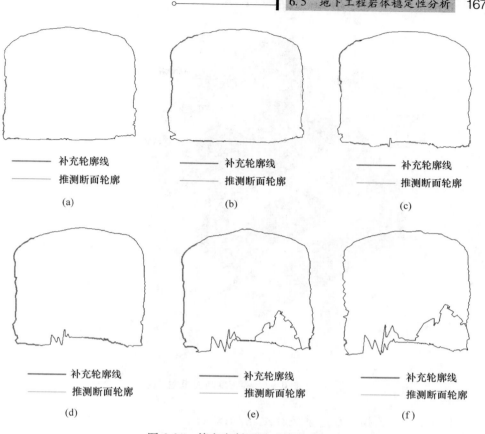

图 6-91 等密度断面图（处理后）

设备原因变小，使得很小的干扰就会对点云数据的精确度有很大的干扰，所以图 6-91 中部分断面数据属于无效点云数据，取得的断面图已经不能较为完整地还原为空区断面图，故降至舍弃。

最终得到某地下储油库的等密度断面图（如图 6-92 所示）和由等密度断面构成的伪三维模型。

6.5.3 某地下储油库的岩体稳定性分级

我国岩体分级系统的发展过程主要可分为两个阶段，首先经历了考虑岩石坚硬程度和岩体完整程度因素的较原始分级方法；其后又有针对各类工程岩体的特点，针对地下水和初始应力等其他影响因子，对初步分级结果进行修正。这种岩体分级方法使得各工程可针对特有的工程、地质和环境特征，将之前未考虑的重要影响因素纳入第二阶段的评价过程中，进行分类并且修正。

目前较为常用的岩体稳定性分级方法有 Q 系统、RMR 分类方法和 BQ 分级方法几类。

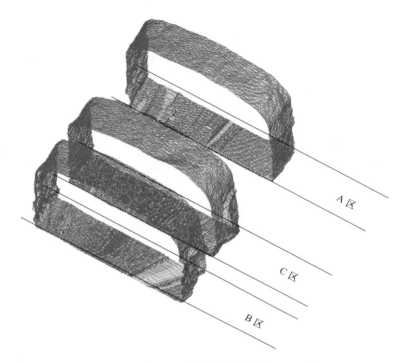

图 6-92　等密度断面模型

6.5.3.1　巴顿（Q）系统分级指标体系

根据场区工程地质、水文地质条件以及节理裂隙发育规律调查，场区地应力测量和岩石力学性质试验结果等，巴顿岩体质量（Q）分类评价方法可得出标值 Q，由式（6-21）确定。

$$Q = \frac{RQD}{J_n} \cdot \frac{J_r}{J_a} \cdot \frac{J_w}{SRF} \tag{6-21}$$

式中　RQD——岩石质量指标；

　　　J_n——节理组数；

　　　J_r——节理粗糙系数；

　　　J_a——节理蚀变系数；

　　　J_w——节理水折减系数；

　　　SRF——应力折减系数。

岩体的块体尺寸：RQD/J_n；块体之间的剪切强度：J_r/J_a；水与其他应力存在时对岩体质量的影响：J_w/SRF。

通过在不同硐室的不同位置进行现场取样（$-50\sim-60\mathrm{m}$、$-60\sim-70\mathrm{m}$ 和 $-70\sim-80\mathrm{m}$），制成标准试件并进行测试，分别进行岩石物理力学性质实验，测得岩石的物理力学性质见表6-4。

表6-4　岩石物理力学性质汇总

测　　样	密度/kg·m⁻³	单轴抗压强度/MPa	弹性模量/GPa	泊松比
-50～-60m 段	2568	92.56	8.78	0.24
-60～-70m 段	2679	103.78	10.82	0.30
-70～-80m 段	2790	111.23	13.67	0.29

某地下储油洞库的最大水平主应力为 6.19～11.50MPa，最小水平主应力 3.63～9.02MPa，垂直主应力为 1.81～3.61MPa。

利用巴顿岩体质量（Q）分类方法，计算所得的 Q 值的可能范围为 0.001～1000，代表着围岩从极差的破碎岩石到极好的坚硬完整岩石，分为 5 个质量等级（见表6-5），围岩质量描述见表6-6。

表6-5　巴顿岩体质量（Q）围岩分类

Q 值	>40	10～40	1～10	0.1～1	<0.1
围岩分类	I	II	III	IV	V

表6-6　巴顿岩体质量（Q）围岩分类表述

Q 值	0.001	0.1	1	4	10	40	100	400	1000
等级评价	异常差	极差	很差	差	一般	好	很好	极好	异常好

6.5.3.2　Mathews 稳定性图表法

Mathews 稳定性图表方法，采用两个因数——稳定系数 N 和水力半径 HR 的统计值为基础，然后将这两个因数绘制在划分为稳定区、潜在不稳定区和预计冒落区的图上。稳定系数代表岩体在给定应力条件下保持稳定的能力，形状因数（或称水力半径）S 则反映了采空区尺寸和形状。水力半径确定方法图解如图6-93 所示。

待分析的采场两帮或采空区的形状因数 S 按下式计算：

HR = 待分析两帮或采空区的截面积/待分析帮壁的周长，即：

$$HR = L \times W/(L + W) \times 2 \tag{6-22}$$

采场稳定系数 N，定义为：

$$N = Q' \times A \times B \times C \tag{6-23}$$

式中　Q'——修正的 Q 系统分级法，其中的地应力影响因素 SRF 设为 1.0，地下水影响因素 $J_w = 1$。

根据 Q 系统评价指标和 Mathews 图表法评价指标，对相应采空区进行了调查，并进行评价，见表6-7 和图6-94。

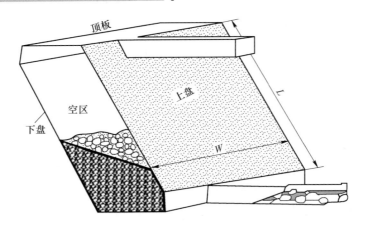

图 6-93   水力半径确定方法图解

表 6-7   岩体质量参数调查及采场稳定性分级

项 目	4 北 501~512		
	A 区	B 区	C 区
RQD	35	35	35
J_n	4	6	12
J_r	3	3	3
J_a	2	2	2
J_w	0.4	0.4	0.4
SRF	1	1	1
Q	5.25	3.5	1.75
Q'	13.125	8.75	4.375
质量分级	差~一般	差	差
A	0.99	0.99	0.99
B	0.2	0.2	0.2
C	4	4	4
N	10.395	6.93	3.4
HR	6.89	6.89	6.89
稳定临界 N	18.8	18.8	18.8
冒落临界 N	4.8	4.8	4.8

根据巴顿体系岩体质量分析对待研究区域进行了分级，三个区域岩体质量分别为Ⅲ级岩体和Ⅳ级岩体，但是没有充分考虑到节理方向和节理倾角与暴露面倾角和走向之间的关系。

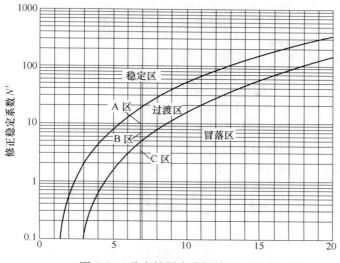

图 6-94　稳定性图表分析结果示意

所以采用 Mathews 稳定性图表法的分析方法对相应区域进行了调查，得到了岩石强度、结构面因素系数、重力调整因素三个稳定性调整系数。对待分析边帮有了更进一步的结论。根据现有设计条件和工程需要，暴露面 HR 全部为 6.89，故分析不同位置的临界稳定系数 N 值得到稳定临界 N 值为 18.8，冒落临界 N 值为 4.8。三个待分析区的 N 值分别为 10.39、6.93、3.4，由三个区域的稳定性系数可知 A 区属于过渡区，但是靠近稳定区一侧；而 B 区在过渡区中间位置，属于典型的过渡区稳定值，最后 C 区落在冒落区，但是 C 区靠近冒落区与稳定区的交界。

根据上述稳定性数值，认为 A 区应该有很小规模的冒落，B 区虽然属于过渡区但是冒落规模属于典型的一般岩体质量区域，对发生较大面积冒落但是冒落深度不会很深，属于轻微冒落；而 C 区属于大规模冒落区，预计会发生较大规模冒落。

由三维激光数字测量可知，冒落情况 A < B < C，C 区冒落情况最为严重。由上边规律得知，A、B、C 三区均受到指向硐室中心线方向的拉应力，A 区受到的拉应力远大于 B 区和 C 区，其原因是 B、C 两区已经发生不同规模的冒落，使其相应区域产生卸压效应，故 B、C 两区受到应力较小。

同理，A、B、C 三个区域 X 轴位移最小的是 A 区；B、C 两区应变比较接近，B、C 两区应力差距也很小，从而 B、C 两个区域的应力和位移情况互相符合，从另一个方面验证了三个区域发生此种情况的卸压、卸能效应。

A、B、C 三个区域的塑性变形见表 6-7，完全符合其现场实际情况，同时在测量模型的基础上，根据数值模拟可推测此三个区域内测量设备不能探查的围岩内部塑性变形区，从而可以作为后续支护作业的参考。

6.5.4　三维激光数字测量结果与设计尺寸对比

将经过修补的巷道等密度断面图与所示的设计巷道轮廓进行复合，得到如图 6-95 的复合图。通过设计断面与测量断面的复合图，对待分析区与进行冒落规模统计，分别统计了实际侧墙高度 H_0、冒落区长度 H_1、冒落区最大深度 D。

将设计模型和测量模型建立成复合模型，如图 6-96 所示。

图 6-95　测量模型与设计模型对比

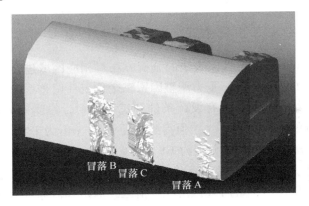

图 6-96　复合模型

基于图 6-96 建立的复合模型，可以观察到超出设计模型的部分即为冒落区域。进一步处理，获取图 6-97 所示的冒落区轮廓。通过此轮廓可知三个冒落区的冒落面积 S。

由图 6-97 中黑色区域与灰色区域做差，即可获得冒落面积。根据图 6-96 进行布尔运算，得出三个冒落区域的冒落区域体积（见表 6-8）。

表 6-8　冒落面积统计

区　　域	A—稳定区	B—过渡区	C—冒落区
冒落区面积/m^2	19.5394	50.1170	39.2022
非冒落区面积/m^2	0.275	3.6358	0.0965
冒落面积/m^2	19.2644	46.4812	39.1057

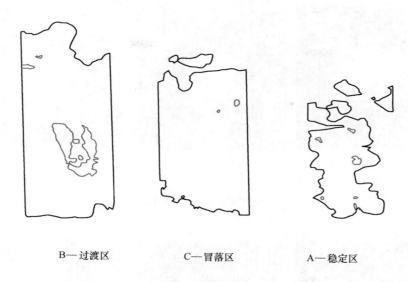

B—过渡区　　　　　C—冒落区　　　　　A—稳定区

图 6-97　冒落区轮廓线
（黑线为冒落区域轮廓，灰线为非冒落区轮廓）

6.5.5　三维激光数字测量结果与数值分析结果对比

　　根据数值分析获取的不同区域塑性变形情况与硐室测量情况进行复合、对比。对复合情况进行分析，得到冒落区与塑性区的对应关系。塑性变形图与测量断面图如图 6-98 所示。

　　由表 6-9 规律，认为冒落深度应在模拟塑性变形深度的 0.1~0.2 倍之间，这对支护参数将起到指导性的作用。

表 6-9　塑性区、冒落区对比

关键点位置	B 区			C 区			A 区		
	$Z=0.5$	$Z=2.5$	$Z=4.5$	$Z=7.0$	$Z=9.5$	$Z=11.5$	$Z=19.5$	$Z=21.5$	$Z=23.5$
塑性区深度/m	4.74	4.72	6.84	4.65	7.05	6.92	2.38	3.33	3.09
测量冒落深度/m	0.7	0.85	0.93	0.8	1.62	0.8	0.28	0.28	0.32
冒落/塑性/%	14.77	18.01	13.59	17.2	22.98	11.56	11.76	8.4	10.36

6.5.6　基于数据对比的稳定性分析

　　根据上述数据处理和运算，可得出表 6-10~表 6-12 的冒落区域统计数据。

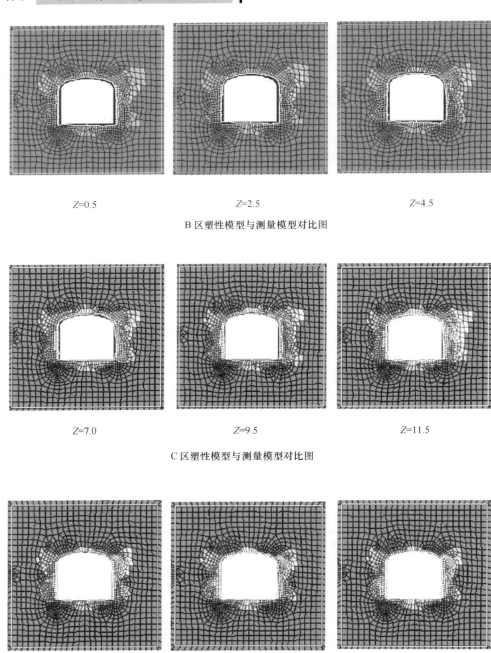

图 6-98　三维激光数字测量结果与数值分析结果对比

表 6-10 A 区冒落情况统计

区域	侧墙高度 H_0/m	冒落区长度 H_0/m	冒落区最大深度 D/m	断面冒落面积 S_0/m^2	断面冒落体积 V_0/m^3	冒落面积 S/m^2	冒落体积 V/m^3
A-01	11.21	6.6	0.29	1.059	0.1059		
A-02	12.366	8.54	0.31	1.109	0.1109		
A-03	12.3	7.47	0.31	1.138	0.1138		
A-04	12.34	8.47	0.31	1.231	0.1231		
A-05	12.36	8.48	0.28	1.293	0.1293		
A-06	12.39	8.48	0.27	1.326	0.1326		
A-07	12.34	8.45	0.26	1.344	0.1344		
A-08	12.31	8.4	0.26	1.398	0.1398		
A-09	12.28	8.47	0.26	1.459	0.1459		
A-10	12.27	8.69	0.28	1.52	0.152		
A-11	12.29	9.03	0.29	1.612	0.1612		
A-12	12.31	9.29	0.32	1.689	0.1689		
A-13	12.34	9.44	0.34	1.742	0.1742		
A-14	12.36	9.5	0.35	1.848	0.1848		
A-15	12.37	9.54	0.35	1.943	0.1943		
A-16	12.37	9.6	0.33	2.108	0.2108	19.2644	6.7501
A-17	12.33	9.6	0.35	2.109	0.2109		
A-18	12.36	9.6	0.37	2.192	0.2192		
A-19	12.2	10.08	0.4	2.275	0.2275		
A-20	12.21	10.25	0.39	2.318	0.2318		
A-21	12.23	10.27	0.37	2.28	0.228		
A-22	12.21	10.04	0.37	2.159	0.2159		
A-23	12.21	10.4	0.33	1.983	0.1983		
A-24	12.22	10.24	0.3	1.77	0.177		
A-25	12.35	10.13	0.28	1.673	0.1673		
A-26	12.29	10.02	0.28	1.608	0.1608		
A-27	12.27	9.96	0.28	1.561	0.1561		
A-28	12.25	9.94	0.29	1.546	0.1546		
A-29	12.24	9.05	0.29	1.54	0.154		
A-30	12.24	9.87	0.3	1.524	0.1524		
A-31	12.21	9.21	0.29	1.512	0.1512		

区域	侧墙高度 H_0/m	冒落区长度 H_0/m	冒落区最大深度 D/m	断面冒落面积 S_0/m^2	断面冒落体积 V_0/m^3	冒落面积 S/m^2	冒落体积 V/m^3
A-32	12.21	9.19	0.3	1.51	0.151		
A-33	12.2	9.16	0.31	1.495	0.1495		
A-34	12.19	9.13	0.32	1.474	0.1474		
A-35	12.18	9.13	0.28	1.414	0.1414		
A-36	12.17	9.12	0.29	1.32	0.132		
A-37	12.15	9.17	0.26	1.175	0.1175		
A-38	12.14	9.11	0.21	1.102	0.1102		
A-39-1	12.13	3.18	0.2	0.888	0.0888		
A-39-2		4.11	0.17				
A-40-1	12.12	4.35	0.22	0.852	0.0852		
A-40-2		4.06	0.17			19.2644	6.7501
A-41-1	12.1	4.29	0.24	0.839	0.0839		
A-41-2		4.01	0.16				
A-42-1	12.07	4.21	0.26	0.838	0.0838		
A-42-2		3.94	0.16				
A-43-1	12.05	4.21	0.28	0.881	0.0881		
A-43-2		3.95	0.14				
A-44-1	12.05	4.31	0.3	0.898	0.0898		
A-44-2		3.95	0.14				
A-45-1	12.06	4.33	0.32	0.946	0.0946		
A-45-2		3.97	0.15				
均值	12.22	9.07	0.28				

由表 6-10 可知，A 区整个调查区域长度为 5m，冒落面积约 19.26m²，冒落体积约 6.75m³，在平均墙高 12.22m 的范围内，平均冒落高差为 9.07，占整个墙高范围的 74.22%；冒落深度均值为 0.28m，占单侧巷道宽度 9.5m 的 2.95%。根据现场经验和工程类比，认为此区域属于较为稳定的区域，可归属为稳定区 ~ 过渡区范围。

表 6-11　B 区冒落情况统计

区域	侧墙高度 H_0/m	冒落区长度 H_1/m	冒落区最大深度 D/m	断面冒落面积 S_0/m²	断面冒落体积 V_0/m³	冒落面积 S/m²	冒落体积 V/m³
B-01	12.38	9.47	0.75	4.46	0.446		
B-02	12.43	9.48	0.77	4.522	0.4522		
B-03	12.38	9.46	0.76	4.506	0.4506		
B-04	12.3	9.43	0.73	4.492	0.4492		
B-05	12.37	9.44	0.7	4.498	0.4498		
B-06	12.37	9.45	0.7	4.583	0.4583		
B-07	12.33	9.46	0.64	4.559	0.4559		
B-08	12.2	9.46	0.71	4.557	0.4557		
B-09	12.3	11.8	0.78	4.568	0.4568		
B-10	12.31	12.05	0.86	4.524	0.4524		
B-11	12.3	12.19	0.9	4.441	0.4441		
B-12	12.26	12.07	0.93	4.364	0.4364		
B-13	12.28	12.2	0.86	4.163	0.4163		
B-14	12.48	12.24	0.81	4.123	0.4123		
B-15	12.33	12.28	0.75	3.975	0.3975		
B-16	12.5	12.5	0.62	3.699	0.3699	46.4812	15.949
B-17-1	12.58	6.76	0.44	3.219	0.3219		
B-17-2		5.8	0.53				
B-18-1	12.63	6.76	0.45	3.004	0.3004		
B-18-2		5.76	0.46				
B-19-1	12.63	6.83	0.48	2.776	0.2776		
B-19-2		4.77	0.36				
B-20-1	12.69	6.88	0.53	2.662	0.2662		
B-20-2		4.46	0.38				
B-21-1	12.56	7.29	0.58	2.714	0.2714		
B-21-2		4.34	0.39				
B-22-1	12.48	7.34	0.64	2.658	0.2658		
B-22-2		4.15	0.4				
B-23-1	12.45	6.99	0.71	2.747	0.2747		
B-23-2		4.35	0.34				
B-24	12.45	12.74	0.78	2.84	0.284		

区域	侧墙高度 H_0/m	冒落区长度 H_1/m	冒落区最大深度 D/m	断面冒落面积 S_0/m²	断面冒落体积 V_0/m³	冒落面积 S/m²	冒落体积 V/m³
B-25	12.42	12.82	0.85	2.913	0.2913		
B-26	12.62	12.79	0.92	2.982	0.2982		
B-27	12.46	12.84	0.95	2.934	0.2934		
B-28	12.47	11.06	0.94	2.735	0.2735		
B-29	12.62	10.68	0.96	2.542	0.2542		
B-30	12.45	10.19	0.95	2.407	0.2407		
B-31	12.44	10.14	0.84	2.354	0.2354		
B-32	12.44	10.11	0.75	2.322	0.2322		
B-33	12.39	9.86	0.72	2.294	0.2294		
B-34	12.43	9.81	0.69	2.329	0.2329		
B-35-1	12.41	5.13	0.73	0.515	0.0515		
B-35-2		4.4	0.23				
B-36-1	11.69	5.56	0.8	0.429	0.0429	46.4812	15.949
B-36-2		3.38	0.24				
B-37	11.52	9.43	0.86	2.694	0.2694		
B-38	11.53	9.6	0.86	3.001	0.3001		
B-39	11.53	9.56	0.93	3.306	0.3306		
B-40	11.7	9.75	0.93	3.671	0.3671		
B-41	11.72	9.94	0.94	3.964	0.3964		
B-42	11.95	10.19	0.97	4.281	0.4281		
B-43	11.85	10.31	1.03	4.596	0.4596		
B-44	11.91	10.44	1.1	4.878	0.4878		
B-45	11.96	10.38	1.1	4.99	0.499		
B-46	11.51	9.86	1.03	4.699	0.4699		
均值	12.26	9.03	0.73				

　　由表6-11可知，B区整个调查区域长度为5m，冒落面积约46.48m²，冒落体积约15.95m³，在平均墙高12.26m的范围内，平均冒落高差为9.03，占整个墙高范围的73.65%；冒落深度均值为0.73m，占单侧巷道宽度9.5m的7.68%。根据现场经验和工程类比，认为此区域属于较不稳定区域，可归属为过渡区。

表 6-12　C 区冒落情况统计

区域	侧墙高度 H_0/m	冒落区长度 H_1/m	冒落区最大深度 D/m	断面冒落面积 S_0/m²	断面冒落体积 V_0/m³	冒落面积 S/m²	冒落体积 V/m³
C-01	12.13	7.81	0.59	2.566	0.2566		
C-02	12.12	8.22	0.62	2.568	0.2568		
C-03	12.12	9.5	0.68	3.111	0.3111		
C-04	12.12	9.43	0.74	3.45	0.345		
C-05	12.1	9.66	0.8	4.069	0.4069		
C-06	12.17	9.58	0.86	4.072	0.4072		
C-07	12.22	9.63	0.92	4.482	0.4482		
C-08	12.23	8.67	0.98	4.999	0.4999		
C-09	12.22	8.64	1.04	5.027	0.5027		
C-10	12.2	8.37	1.1	5.26	0.526		
C-11	12.16	8.58	1.16	5.562	0.5562		
C-12	12.11	8.67	1.22	6.192	0.6192		
C-13	12.1	8.4	1.28	6.079	0.6079		
C-14	12.08	8.03	1.33	6.437	0.6437		
C-15	12.02	7.59	1.39	6.828	0.6828		
C-16	12.01	7.71	1.46	7.67	0.767	39.1057	25.9035
C-17	12.04	10.59	1.51	7.773	0.7773		
C-18	11.84	10.46	1.57	8.223	0.8223		
C-19	11.97	10.55	1.61	8.663	0.8663		
C-20	11.85	10.36	1.62	8.873	0.8873		
C-21	11.86	10.18	1.59	8.899	0.8899		
C-22	11.87	10.2	1.54	8.8	0.88		
C-23	11.86	10.15	1.47	8.63	0.863		
C-24	11.92	10.19	1.38	8.381	0.8381		
C-25	11.97	10.32	1.36	8.134	0.8134		
C-26	12.01	10.38	1.35	7.879	0.7879		
C-27	12.06	10.4	1.33	7.655	0.7655		
C-28	12.08	9.24	1.28	7.373	0.7373		
C-29	11.92	9.03	1.24	6.968	0.6968		
C-30	11.87	8.97	1.23	6.457	0.6457		
C-31	11.88	8.95	1.23	6.195	0.6195		

区域	侧墙高度 H_0/m	冒落区长度 H_1/m	冒落区最大深度 D/m	断面冒落面积 S_0/m^2	断面冒落体积 V_0/m^3	冒落面积 S/m^2	冒落体积 V/m^3
C-32	11.93	9.02	1.23	5.878	0.5878		
C-33	11.94	9.09	1.21	5.492	0.5492		
C-34	11.92	9.11	1.11	5.218	0.5218		
C-35	12.03	9.22	1.05	4.98	0.498		
C-36	12.02	9.22	1.02	4.723	0.4723		
C-37	12.08	9.32	0.97	4.554	0.4554		
C-38	11.87	9.12	0.93	4.248	0.4248		
C-39	12.16	9.39	0.9	3.996	0.3996	39.1057	25.9035
C-40	12.16	9.42	0.88	3.725	0.3725		
C-41	12.16	9.4	0.85	3.488	0.3488		
C-42	12.16	9.85	0.8	3.369	0.3369		
C-43	12.17	9.9	0.68	3.277	0.3277		
C-44	12.17	9.79	0.61	2.966	0.2966		
C-45	12.16	9.5	0.52	2.897	0.2897		
C-46	12.18	9.88	0.51	2.949	0.2949		
均值	12.05	9.34	1.1				

由表 6-12 可知，C 区整个调查区域长度为 5m，冒落面积约 39.11m²，冒落体积约 25.90m³，在平均墙高 12.05m 的范围内，平均冒落高差为 9.34，占整个墙高范围的 77.51%；冒落深度均值为 1.1m，占单侧巷道宽度 9.5m 的 11.58%。根据现场经验和工程类比，认为此区域属于极不稳定区域，可归属为冒落区。

上述三个区域基本能代表本工程地质情况下，工程施工可能遇到的不同冒落规模，故在此基础上对上表进行归纳总结，得到表 6-13。

表 6-13   冒落区域信息综合汇总

区　　域	A 区	B 区	C 区
调查区域走向长度/m	5	5	5
巷道高度/m	17	17	17
巷道侧墙高度/m	12.22	12.26	12.05
单侧巷道跨度/m	9.5	9.5	9.5
单侧巷道断面积/m²	148.62	148.62	148.62
冒落范围高差/m	9.07	9.03	9.34

续表 6-13

区　　域	A 区	B 区	C 区
占侧墙高度比例/%	74.22	73.65	77.51
冒落深度均值/m	0.28	0.73	1.1
占单侧巷道跨度比例/%	2.95	7.68	11.58
冒落深度极值/m	0.4	1.1	1.62
占单侧巷道跨度比例/%	4.21	11.58	17.05
冒落面积/m²	19.26	46.48	39.11
占侧墙面积比例/%	31.52	75.82	64.91
冒落体积/m³	6.75	15.95	25.90
占单侧巷道体积比例/%	0.91	2.15	3.49
区域稳定性	稳定区~过渡区	过渡区	冒落区

由于储油洞库属于永久工程，故支护比取 1.6；完整巷道高度 24m，当量尺寸 $Dr = 15$。

由图 6-99 的 Q 系统支护设计，认为 C 类区域应采取喷射纤维混凝土加锚杆支护；B 类区域和 A 类区域都属于喷射混凝土与锚杆支护。同时，由数值模拟可知各区域塑性变形概况，故应对塑性区采取锚索支护进行维护。所以 A 区、B 区使用喷射混凝土与锚杆加长锚索进行支护，C 区使用喷射纤维混凝土与锚杆支护。

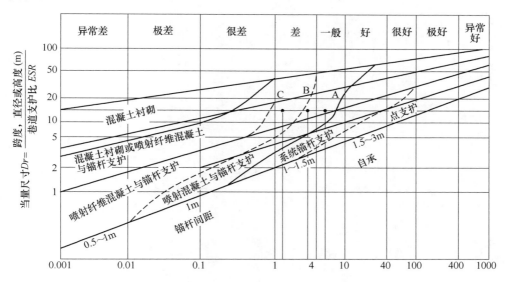

图 6-99　基于 Q 系统的开挖支护设计

本部分通过采用三维激光数字测量仪获取某地下储油洞库的测量数据、岩体稳定性分级结果、数值分析数据以及地下储油洞库设计尺寸进行对比性的定量分析，得出了地下储油洞库不同稳定区域的冒落情况的统计和硐室周围塑性分布情况，通过对比分析冒落区域的冒落深度、冒落面积、冒落体积等参数，得出如下结论：

（1）由于结构面原因产生破坏的岩体，其破坏范围的面积与结构面生长特性有较为直接的关系，而与节理间距和节理体密度的关联性不强。

（2）不同区域的冒落深度和冒落体积与岩体稳定性分级得到的稳定性系数成正相关的趋势，但是与冒落面积的大小关系并不强烈。

（3）根据三维激光数字测量测得的冒落区数据属于已经发生的冒落，不能及时的为支护和其他施工提供直接帮助，但在大量测量数据和岩体稳定性调查的基础上，可对某个区域或某种特性的岩体条件进行稳定性评价，从而为后续施工提供参考建议。

7 结 束 语

采场顶板稳定性问题一直是制约地下金属矿床安全高效开采的核心问题。2009 年，编著者在山东黄金集团下属三山岛金矿，承担一个关于《三山岛金矿采场顶板稳定性判别及其控制研究》的横向科研课题，最初主要应用三维岩体不接触测量系统——摄影测量技术，获取并构建采场顶板三维岩体结构面空间分布模型，自行研发三维岩体节理建模与分析系统，对采场顶板岩体结构面的几何特征参数进行识别。依据采场顶板岩体结构面的几何特征参数、延伸节理等结构面的空间特征，通过延伸节理等结构面的空间交汇，识别采场危岩体赋存的空间位置、形态、体积等，叠加采场顶板岩体强度指标参数，进而实现对采场顶板危岩体稳定性进行判断。在此基础上，对顶板节理进行真实的延伸确定顶板危岩体，实现岩体结构参数（几何形态）数字信息与生产实际有机衔接，为采场顶板稳定性分析和危险性评价提供更加真实、可靠的数据支持。

在应用摄影技术量测采场顶板数据结构信息时，存在最大的难题是：囿于采场和巷道空间尺寸窄小，每次量测的采场顶板的范围非常有限（通常在 $10m^2$ 以内），且受采场内微气候环境、施工情况、支持情况、照明条件等因素影响，如想获得理想的量测结果非常困难。为进一步解决此类问题，需要找寻一种新型量测工具，不仅能快速采集采场空间三维数字信息，又能快速地解析量测到的三维数字信息，进而判别采场顶板的稳定性。恰逢此时，三维激光扫描技术开始在国内逐步得到应用和推广，能够快速获取井下矿山采空区的数据信息，进而能够对地下采空区赋存的空间状态和体积进行量测，解决了国内许多矿山赋存老采空区开采的危害难题。应用的三维激光扫描仪多数从国外进口，囿于国外进口三维激光扫描仪的高价位，主要是科研部门购买此类产品为矿山生产进行科研服务。

本书的编著者，正是基于上述理论研究基础和国内三维激光扫描现状，在2011 年获得国家自然科学基金项目"基于三维激光扫描的地下金属矿采场顶板块体识别技术研究"资助。在 2011 年开始，作为非机电自动化专业的采矿工程研究者，历时四年，从购买激光测距传感器、步进电机等开始，设计并制造了三维激光数字测量仪；与此同时，开发了与三维激光数字测量仪相配套的点云数据处理分析软件系统，实现基于点云数据的三维空间建模、采空区探测、岩体结构面识别、采矿辅助设计、爆破效果分析、岩体稳定性分析等研究内容。

本书的成书过程，也是本书编著者仪器开发及配套软件研发过程的心路历程，不断找寻并设计最佳仪器开发方案及最具应用普适性的点云数据分析、处理软件，也查找并参考了大量国内外相关研发的文献资料，在此深表感谢。同时，囿于本书成稿过程比较匆忙，无论是研发的深度和广度，都具有一定的局限性。随着编著者研究团队研究的深入，将不断得到补充，同时也希望得到从事相关研究领域专家的批评指正。

参 考 文 献

［1］C-ALS 采空区三维激光扫描系统［J］. 矿业装备，2011（4）：94.

［2］马玉涛，彭威. 采空区三维激光扫描系统 C-ALS 及其在安庆铜矿的应用［J］. 有色金属（矿山部分），2013（3）：1~3.

［3］余乐文，张达，张元生，等. 复杂空区残留矿体探查技术研究［J］. 中国矿业，2014（S2）：222~224.

［4］马海涛，刘勇锋，胡家国. 基于 C-ALS 采空区探测及三维模型可视化研究［J］. 中国安全生产科学技术，2010（03）：38~41.

［5］刘科伟. 露天开采隐患空区激光三维探测、可视化研究及其稳定性分析［D］. 长沙：中南大学，2012.

［6］罗贞焱. 基于 CMS 探测的采空区三维可视化系统研究［D］. 长沙：中南大学，2010.

［7］王俊，刘博文，丁鑫品，等. 三维激光扫描系统在平朔东露天矿采空区探测中的应用［J］. 露天采矿技术，2015（2）：65~67.

［8］肖厚藻，刘晓明，代碧波，等. 基于 C-ALS 的特大溶洞三维探测及其安全分析［J］. 矿冶工程，2015（4）：12~16.

［9］张耀平，彭林，刘圆. 基于 C-ALS 实测的采空区三维建模技术及工程应用研究［J］. 矿业研究与开发，2012（1）：91~94.

［10］江文武，李国建. 基于 C-ALS 的空区顶板覆岩冒落分析研究［J］. 有色金属科学与工程，2012（5）：66~69.

［11］张迪，钟若飞，李广伟，等. 车载激光扫描系统的三维数据获取及应用［J］. 地理空间信息，2012（1）：20~21.

［12］马晓泉. 地面三维激光扫描技术及其在国内的应用现状［J］. 科技信息，2012（29）：74~75.

［13］王长江，张倬锋，刘夫晓. 激光扫描技术在数字化矿山建设中的应用［J］. 金属矿山，2012（10）：108~109.

［14］习晓环，骆社周，王方建，等. 地面三维激光扫描系统现状及发展评述［J］. 地理空间信息，2012（6）：13~15.

［15］张宏伟，赖百炼. 三维激光扫描技术特点及其应用前景［J］. 测绘通报，2012（S1）：320~322.

［16］张维强. 地面三维激光扫描技术及其在古建筑测绘中的应用研究［D］. 西安：长安大学，2014.

［17］魏波，张爱武，李佑钢，等. 车载三维数据获取与处理系统设计与实现［J］. 中国体视学与图像分析，2008（1）：30~33.

［18］宋宏. 地面三维激光扫描测量技术及其应用分析［J］. 测绘技术装备，2008（2）：40~43.

［19］范玲玲. 激光扫描技术在数字化矿山中的应用探讨［J］. 赤峰学院学报（自然科学版），2014（12）：53~55.

［20］李梦，孙龙，李娜. 基于车载激光系统的地面三维数据获取技术研究［J］. 科技资讯，

2014（15）：30.

[21] 戴升山，李田凤．地面三维激光扫描技术的发展与应用前景［J］．现代测绘，2009（4）：11～12.

[22] 马立广．地面三维激光扫描仪的分类与应用［J］．地理空间信息，2005，3（5）：60～62.

[23] 吴亮，杨晶，高悦，等．浅析三维激光扫描技术在地下洞库工程中的应用前景［J］．河北工程技术高等专科学校学报，2014（4）：42～46.

[24] 袁夏．三维激光扫描点云数据处理及应用技术［D］．南京：南京理工大学，2006.

[25] 董秀军．三维激光扫描技术及其工程应用研究［D］．成都：成都理工大学，2007.

[26] 何秉顺，丁留谦，刘昌军．三维激光扫描技术及其在岩土工程中的应用［C］// 中国水利学会．第一届中国水利水电岩土力学与工程学术讨论会论文集（下册）．2006：928～930.

[27] 谢雄耀，卢晓智，田海洋，等．基于地面三维激光扫描技术的隧道全断面变形测量方法［J］．岩石力学与工程学报，2013（11）：2214～2224.

[28] 刘辉，王伯雄，任怀艺，等．基于三维重建数据的双向点云去噪方法研究［J］．电子测量与仪器学报，2013（1）：1～7.

[29] 范然，金小刚．大规模点云选择及精简［J］．图学学报，2013（3）：12～19.

[30] 赵柳，马礼，杨银刚，等．逆向工程中散乱点云数据精简研究［J］．光电技术应用，2010（1）：60～63.

[31] 邵正伟，席平．基于八叉树编码的点云数据精简方法［J］．工程图学学报，2010（4）：73～76.

[32] 程效军，李伟英，张小虎．基于自适应八叉树的点云数据压缩方法研究［J］．河南科学，2010（10）：1300～1304.

[33] 曾敬文，朱照荣，丁锐．基于立方体网格的数据点云约简和体积计算方法［J］．测绘科学，2008（6）：81～82.

[34] 周波，陈银刚，顾泽元．基于八叉树网格的点云数据精简方法研究［J］．现代制造工程，2008（3）：64～67.

[35] 刘德平，陈建军．逆向工程中数据精简技术的研究［J］．西安电子科技大学学报，2008（2）：334～339.

[36] 黄国珍，卢章平．面向逆向工程的点云数据精简方法［J］．机械设计与研究，2005（3）：59～61.

[37] 权毓舒，何明一．基于三维点云数据的线性八叉树编码压缩算法［J］．计算机应用研究，2005（8）：70～71.

[38] 徐荣礼．逆向工程中散乱点云数据处理关键技术研究［D］．无锡：江南大学，2006.

[39] 董锦菊．逆向工程中数据测量和点云预处理研究［D］．西安：西安理工大学，2007.

[40] 徐尚．三维点云数据拼接与精简技术的研究［D］．青岛：中国海洋大学，2009.

[41] 姚亚盼．三维重建中的点云精简研究［D］．太原：中北大学，2015.

[42] 邓爱民．车载激光扫描点云数据流处理抽稀方法研究［D］．成都：西南交通大学，2011.

[43] 万剑华，黄荣刚，周行，等．基于曲率统计的 LiDAR 点云二次滤波方法 [J]．中国石油大学学报（自然科学版），2013（1）：56～60．

[44] 谢瑞，肖海红．地面三维激光扫描点云压缩准则 [J]．工程勘察，2013（4）：64～68．

[45] 孙崇利，苏伟，武红敢，等．改进的多级移动曲面拟合激光雷达数据滤波方法 [J]．红外与激光工程，2013（2）：349～354．

[46] 王森洪，戴青云，曹江中，等．基于均值的谱聚类特征向量选择算法 [J]．计算机与现代化，2013（5）：7～9．

[47] 曹飞飞．点云滤波和特征描述技术研究 [D]．秦皇岛：燕山大学，2014．

[48] 李炼．机载 LiDAR 点云滤波及分类算法研究 [D]．成都：成都理工大学，2014．

[49] 刘艳丰，王守彬，汤仲安，等．基于 kd 树的机载 LIDAR 点云滤波处理 [J]．测绘工程，2009（5）：59～62．

[50] 路兴昌，张学霞．基于回波强度和采样点距离的点云滤波研究 [J]．测绘科学，2009（6）：196～197．

[51] 吴芳，张宗贵，郭兆成，等．基于机载 LiDAR 点云滤波的矿区 DEM 构建方法 [J]．国土资源遥感，2015（1）：62～67．

[52] 房华乐，林祥国，段敏燕，等．面向对象的车载 LiDAR 点云滤波方法 [J]．测绘科学，2015（4）：92～96．

[53] 彭志，李传荣，周梅．基于最小二乘曲线拟合法的点云滤波算法研究 [J]．遥感信息，2011（5）：86～89．

[54] 杨洋，张永生，邹晓亮，等．一种改进的基于坡度变化的机载激光雷达点云滤波方法 [J]．测绘科学，2008（S1）：12～13．

[55] 李峰．机载 LiDAR 点云的滤波分类研究 [D]．北京：中国矿业大学，2013．

[56] 尚大帅．机载 LiDAR 点云数据滤波与分类技术研究 [D]．郑州：解放军信息工程大学，2012．

[57] 崔放，徐宏根，王宗跃，等．基于 GPGPU 的并行 LiDAR 点云滤波算法 [J]．华中师范大学学报（自然科学版），2014（3）：431～435．

[58] 李锁花，孙志挥，周晓云．基于特征向量的分布式聚类算法 [J]．计算机应用，2006（2）：379～382．

[59] 靳洁．基于小波分析的地面三维激光扫描点云数据的滤波方法研究 [D]．西安：长安大学，2013．

[60] 朱凌．地面三维激光扫描标靶研究 [J]．激光杂志，2008（1）：33～35．

[61] 施贵刚，王峰，程效军，等．地面三维激光扫描多视点云配准设站最佳次数的研究[J]．大连海事大学学报，2008（3）：64～66．

[62] 官云兰，詹新武，程效军，等．一种稳健的地面激光扫描标靶球定位方法 [J]．工程勘察，2008（10）：42～45．

[63] 石银涛，程效军，张鸿飞．地面三维激光扫描建模精度研究 [J]．河南科学，2010（2）：182～186．

[64] 丁延辉，邱冬炜，王凤利，等．基于地面三维激光扫描数据的建筑物三维模型重建[J]．测绘通报，2010（3）：55～57．

［65］盛业华，张卡，张凯，等．地面三维激光扫描点云的多站数据无缝拼接［J］．中国矿业大学学报，2010（2）：233～237.

［66］苏晓蓓，郝刚．地面三维激光扫描标靶中心识别算法研究［J］．城市勘测，2010（3）：68～70，76.

［67］严剑锋．地面 LiDAR 点云数据配准与影像融合方法研究［D］．徐州：中国矿业大学，2014.

［68］黄厚圣．地面三维激光扫描技术在文物保护中的应用研究［D］．西安：长安大学，2014.

［69］李宝瑞．地面三维激光扫描技术在古建筑测绘中的应用研究［D］．西安：长安大学，2012.

［70］丁延辉．地面三维激光数据配准研究［J］．测绘通报，2009（2）：57～59.

［71］韩素文．隧道三维激光扫描点云数据拼接技术研究［J］．科技创新导报，2013（3）：22～23.

［72］钱鹏鹏，郑德华．一种新的扫描点云自动配准方法［J］．水利与建筑工程学报，2013（3）：162～164.

［73］官云兰，贾凤海．地面三维激光扫描多站点云数据配准新方法［J］．中国矿业大学学报，2013（5）：880～886.

［74］刘尚蔚，朱小超，张永光，等．多片点云数据拼接处理技术的研究［J］．水利与建筑工程学报，2014（1）：121～124.

［75］杨彪，王卓．三维重建中的点云配准方法研究［J］．计算机与数字工程，2014（2）：300～303.

［76］陈良良，隋立春，蒋涛，等．地面三维激光扫描数据配准方法［J］．测绘通报，2014（5）：80～82.

［77］薛耀红，梁学章，马婷，等．扫描点云的一种自动配准方法［J］．计算机辅助设计与图形学学报，2011（2）：223～231.

［78］徐源强，高井祥，张丽，等．地面三维激光扫描的点云配准误差研究［J］．大地测量与地球动力学，2011（2）：129～132.

［79］朱文武．基于标靶控制的三维激光扫描点云数据配准研究［D］．北京：中国地质大学，2012.

［80］张政．点云数据配准算法研究［D］．济南：山东大学，2008.

［81］徐尚．三维点云数据拼接与精简技术的研究［D］．青岛：中国海洋大学，2009.

［82］张成国．逆向工程中数据拼接与精简技术研究［D］．青岛：中国海洋大学，2005.

［83］袁亮．三维重建过程中的点云数据配准算法的研究［D］．西安：西安电子科技大学，2010.

［84］宋林霞．三维点云配准方法的研究［D］．济南：济南大学，2013.

［85］王建奇．大规模点云模型拼接与融合技术研究［D］．杭州：浙江工业大学，2012.

［86］王宫，钟约先，袁朝龙，等．大面积形体三维测量数据拼接技术的研究［J］．机械设计与制造，2007（9）：90～92.

［87］张东，黄腾，陈建华，等．基于罗德里格矩阵的三维激光扫描点云配准算法［J］．测绘

科学，2012（1）：156～157.

［88］张东，黄腾，李桂华．地面 LiDAR 点云数据先局部后整体配准方法［J］．测绘工程，2012（2）：6～8.

［89］沈海平，达飞鹏，雷家勇．基于最小二乘法的点云数据拼接研究［J］．中国图象图形学报，2005（9）：1112～1116.

［90］Trimble．Trimble GX 3D［EB/OL］．http：//www.trimble.com/cn/survey/trimblegx.aspx，2012-4-11.

［91］李东泽．反求工程曲面重构技术研究［D］．大连：大连理工大学，2003.

［92］陈志杨，李江雄，柯映林．反求工程中的曲面重构技术［J］．汽车工程，2000（6）：365-367.

［93］程进三，高小山．构造两个曲面的拼接曲面［J］．工程图学学报，2005（1）：39～44.

［94］赵平建．基于三维散乱点云的曲面重构技术研究［D］．大连：大连理工大学，2009.

［95］李英杰．NURBS 曲面构造、拼接及光顺的研究与实现［D］．西安：西安理工大学，2010.

［96］喻英粽．基于标记约束的三维曲面拼接方法研究［D］．杭州：浙江理工大学，2010.

［97］冯精武．基于三控制点的三维曲面拼接方法研究［D］．杭州：浙江理工大学，2011.

［98］冯海明．基于遗传算法及小波变换的三维曲面拼接方法研究［D］．杭州：浙江理工大学，2011.

［99］高项清．基于规则点云的曲面拼接技术研究［D］．南昌：南昌大学，2013.

［100］邱春丽．基于点云的曲面重建技术研究［D］．北京：北京交通大学，2014.

［101］贺美芳．基于散乱点云数据的曲面重建关键技术研究［D］．南京：南京航空航天大学，2006.

［102］陈展．基于 NURBS 技术的点云数据曲面重建研究［J］．黑龙江科学，2015（4）：50～51.

［103］陈时锦，黄成哲，张先彤．计算机辅助几何设计中的有理 Z 样条方法［J］．黑龙江商学院学报（自然科学版），1993（1）：29～34.

［104］周儒荣，林奋强，王正国．B 样条方法在计算机辅助几何设计中的应用［J］．机械设计与研究，1984（3）：49～57.

［105］刘焕章．曲面拼接理论与技术的研究［D］．北京：首都师范大学，2007.

［106］宁涛，经玲，关志东，等．优化技术在 B 样条曲面拼接中的应用［J］．计算机辅助设计与图形学学报，1997（2）：41～47.

［107］徐鹏．海量三维点云数据的组织与可视化研究［D］．南京：南京师范大学，2013.

［108］张会霞．三维激光扫描点云数据组织与可视化研究［D］．北京：中国矿业大学，2010.

［109］严剑锋，邓喀中．基于 Cook 距离的三维激光扫描点云平面拟合［J］．大地测量与地球动力学，2013（1）：90～92.

［110］陶志鹏，陈志国，王英，等．海量三维地形数据的实时可视化研究［J］．科技创新与应用，2013（30）：22～23.

［111］熊友谊，冯志新，陈颖彪，等．利用点云数据进行三维可视化建模技术研究［J］．测绘通报，2012（5）：20～23.

［112］任常青，张青萍，张晓宇．基于 AutoCAD 的 LIDAR 点云数据可视化 ［J］．测绘技术装备，2011（3）：42～45.

［113］刘科伟．露天开采隐患空区激光三维探测、可视化研究及其稳定性分析 ［D］．长沙：中南大学，2012.

［114］赵煦．基于地面激光扫描点云数据的三维重建方法研究 ［D］．武汉：武汉大学，2010.

［115］焦宏伟．基于成像激光雷达与双 CCD 复合的三维精细成像技术研究 ［D］．长沙：国防科学技术大学，2012.

［116］黄橙．用于边界面法的三维体网格生成方法 ［D］．长沙：湖南大学，2014.

［117］杨少锋．基于 Kinect 的空间场景三维分割技术研究 ［D］．长沙：湖南大学，2014.

［118］浮丹丹，周绍光，徐洋，等．基于主成分分析的点云平面拟合技术研究 ［J］．测绘工程，2014（4）：20～23.

［119］罗周全，罗贞焱，徐海，等．采空区激光扫描信息三维可视化集成系统开发关键技术 ［J］．中南大学学报（自然科学版），2014（11）：3930～3935.

［120］周克勤，赵煦，丁延辉．基于激光点云的 3 维可视化方法 ［J］．测绘科学技术学报，2006（1）：69～72.

［121］丁清光．空间三维数据的实时获取与可视化建模 ［D］．郑州：解放军信息工程大学，2006.

［122］王敏．三维复杂形体表面网格生成方法研究 ［D］．南京：南京理工大学，2005.

［123］陈展鹏，雷廷武，晏清洪，等．汶川震区滑坡堆积体体积三维激光扫描仪测量与计算方法 ［J］．农业工程学报，2013（8）：135～144.

［124］韦雪花，王永国，郑君，等．基于三维激光扫描点云的树冠体积计算方法 ［J］．农业机械学报，2013（7）：235～240.

［125］徐志，许宏丽．一种基于凸包近似的快速体积计算方法 ［J］．计算机工程与应用，2013（21）：177～179.

［126］郭景仁，王艳林，于蕾．基于三维激光扫描数据的不规则实体表面积和体积计算方法 ［J］．山东理工大学学报（自然科学版），2014（6）：73～78.

［127］王克权，戴鹏飞，滕道祥，等．一种不易接触物体体积测量仪 ［J］．科技视界，2015（23）：153.

［128］胡晓彤，陶森柏．基于散乱点云的快速体积计算法 ［J］．天津科技大学学报，2011（1）：67～71.

［129］张金波，李彩花，李宝成．基于逆向工程技术的不规则几何体体积测量方法研究 ［J］．佳木斯大学学报（自然科学版），2011（2）：244～246.

［130］李凯．粮仓储粮体积测量中激光点云数据处理技术 ［D］．北京：首都师范大学，2011.

［131］赵双玲，李奇敏，蒋恒恒，等．基于体积积分不变量的散乱点云数据特征点提取 ［J］．机械科学与技术，2012（11）：1855～1859.

［132］周会成，陈吉红，黄声华，等．用三维点云计算活塞腔的体积 ［J］．现代测量与实验室管理，2003（2）：16～17.

［133］陶森柏．三维可视化体积测量系统的研究与实现 ［D］．天津：天津科技大学，2011.

［134］刘震．逆向工程对不规则表面物体的体积测量 ［J］．机电技术，2009（3）：19～20.

［135］陈展鹏，雷廷武，晏清洪，等．汶川震区滑坡堆积体坡面侵蚀量测算方法［J］．农业机械学报，2014（4）：195～200．

［136］TOPCON. GLS-1500-Laser Scanner［EB/OL］. http：//www. positionpartners. com. au/brochures/Leaflet % 20GLS-1500_ A4% 20English-EN-low-final. pdf，2012-4-12.

［137］胡琦佳．三维激光扫描技术在隧道工程监测中的应用研究［D］．成都：西南交通大学，2013．

［138］刘云广．基于地面三维激光扫描技术的变形监测数据处理［D］．北京：北京建筑大学，2013．

［139］闻永俊．三维激光扫描技术在地铁盾构隧道变形监测中的应用研究［D］．徐州：江苏师范大学，2013．

［140］黄江．基于三维激光扫描技术的危岩稳定性信息化研究［D］．成都：成都理工大学，2014．

［141］张文．基于三维激光扫描技术的岩体结构信息化处理方法及工程应用［D］．成都：成都理工大学，2011．

［142］托雷．基于三维激光扫描数据的地铁隧道变形监测［D］．北京：中国地质大学，2012．

［143］刘希灵．基于激光三维探测的空区稳定性分析及安全预警的研究［D］．长沙：中南大学，2008．

［144］过江．基于矿山3D数据库的采场贫损与稳定性研究［D］．长沙：中南大学，2008．

［145］苏龙．基于岩体质量分级的采场稳定性分析与安全对策研究［D］．长沙：中南大学，2012．

［146］苏龙，刘爱华．考虑岩体质量分级的地下采场稳定性研究［J］．中国安全科学学报，2014（12）：9～15．

［147］刘科伟．露天开采隐患空区激光三维探测、可视化研究及其稳定性分析［D］．长沙：中南大学，2012．

［148］Brown E T. Strength of model roak with intermittent jionts［J］. J. Soil Mech. FoundnDiv. ，1970，96（6）：1935～1949.

［149］Hoek E，Brown E T. Underground excavations in rock［M］. London：Institution of Mining and Metallurgy，1980.

［150］Hoek K E，WOOD D，SHAH S. Modified Hoek-Brown failure criterion for jointed rock masses［C］//Proc. ISRM Symposium：EURock92. London：Thomas Telford，1992：209～214.

［151］Optech System Corporation . Cavity Monitoring System User Manual（Version2. 3）［M］. Canada：Optech System Corporation，1996.

［152］Optech System Corporation. Wireless User Manual［M］. Version E September 2004，Toronto，Ontario，Canada.

［153］高策，乔彦峰．光电经纬仪测量误差的实时修正［J］．光学精密工程，2007（6）：846～851．

［154］邓水发．全站仪的轴系误差与电子补偿器校准［J］．计量技术，2007（9）：52～54．

［155］王涛，唐杰，宋立维．车载光电经纬仪的测量误差修正［J］．红外与激光工程，2012（5）：1335～1338．

［156］张密太，侯宏录，权贵秦．光电经纬仪多站交会测量布站方法及仿真［J］．西安工业学院学报，2005（1）：20～22.

［157］郑德华，沈云中，刘春．三维激光扫描仪及其测量误差影响因素分析［J］．测绘工程，2005（2）：32～34.

［158］王建军，刘吉东．影响机载激光扫描点云精度的测量误差因素分析及其影响大小排序［J］．中国激光，2014（4）：247～252.

［159］程正逢，王盛才，石克勤，等．航空激光扫描测量系统在国外工程中的应用［J］．地理空间信息，2003（3）：40～43.

［160］程正逢，王盛才，石克勤，等．国外航空激光扫描测量系统的发展和应用［C］// 国家测绘局测绘标准化研究所，全国测绘科技信息网．全国测绘与地理信息技术研讨交流会专辑．2003：5.

［161］江月松，尤红建，李树楷．机载激光扫描测距仪的误差分析［J］．遥感技术与应用，1998（2）：2～10.

［162］冯栋彦，高云国，张文豹．采用标准轴承的光电经纬仪轴系误差修正［J］．光学精密工程，2011（3）：605～611.

［163］李慧，沈湘衡．光电经纬仪轴系误差仿真计算的新方法［J］．红外与激光工程，2008（2）：334～337.

［164］田留德，刘朝晖，赵建科，等．三轴误差对光电经纬仪测角的影响［J］．红外与激光工程，2013（S1）：192～197.

［165］盛鸿亮．相关性误差与轴系精度分析［J］．仪表技术与传感器，1988（3）：19～22.

［166］Ross-Brown D M，Atkinson K B．Terrestrial photogrammetry in open-pits：1-descripion and use of the phototheodolite in mine surveying［J］．Inst．Mining & meteallurgy，1972，81（2）．

［167］王川婴，葛修润，白世伟．数字式全景钻孔摄像系统研究［J］．岩石力学与工程学报，2002，21（3）：398～403.

［168］王川婴，Law K Tim．钻孔摄像技术的发展与现状［J］．岩石力学与工程学报，2005，24（19）：3440～3448.

［169］王凤艳．数字近景摄影测量快速获取岩体裂隙信息的工程应用［D］．长春：吉林大学，2006.

［170］王凤艳，陈剑平，付学慧，等．基于 VirtuoZo 的岩体结构面几何信息获取研究［J］．岩石力学与工程学报，2008，27（1）：169～175.

［171］Kulatilake P H S W，Wu T H．Estimation of mean trace length of discontinuities［J］．Rock Mechanics and Rock Engineering，1984，17（4）：215～232.

［172］Zhang L，Einstein H H．Estimating the mean trace length of rock discontinuities［J］．Rock Mechanics and Rock Engineering，1998，31（4）：217～235.

［173］Mauldon M．Estimating mean fracture trace length and density from observation in convex windows［J］．Rock Mechanics and Rock Engineering，1998，31（4）：201～216.

［174］葛修润，王川婴．数字式全景钻孔摄像技术与数字钻孔［J］．地下空间，2001，21（4）：255～257.

［175］熊忠幼，胡瑞华．边坡摄像快速地质编录［J］．水力发电，1998（2）：27～29.

[176] 罗周全, 李畅, 杨彪, 等. 金属矿采空区信息获取及管理研究 [J]. 有色金属 (矿山部分), 2008, 60 (1): 7~8.

[177] 胡荣林. 散乱数据三角剖分方法研究 [D]. 南京: 南京理工大学, 2003.

[178] 陈伟, 刘肖琳. 一种快速三维散乱点云的三角剖分算法 [J]. 计算机仿真, 2009, 26 (9): 338~341.

[179] 王志杰. 基于 OpenGL 三维虚拟场景建模技术研究 [D]. 石家庄: 河北工业大学, 2007: 10~100.

[180] 王建华, 徐强勋, 张锐. 任意形状三维物体的 Delaunay 网格生成算法 [J]. 岩石力学与工程学报, 2003, 22 (5): 717~722.

[181] 罗贞焱. 基于 CMS 探测的采空区三维可视化系统研究 [D]. 长沙: 中南大学资源与安全工程学院, 2010.

[182] Basic Software, Inc. 3D Scanner Surphaser Brochure [EB/OL]. http://www.surphaser.com/PDFs/Brochure.pdf, 2012-4-10.

[183] Leica Geosystem. Leica ScanStation C10 Brochure_ en [EB/OL]. http://hds.leica-geosystems.com/en/Leica-ScanStation-C10_ 79411.htm, 2012-4-11.

[184] 上海光学精密机械研究所. 地基全视景三维成像激光扫描仪 [EB/OL]. http://www.siom.cas.cn/xxbs/201111/t20111108_ 3392228.html, 2012-4-11.

[185] RIEGL. 3D System Configuration Riegl VZ-400 [EB/OL]. http://riegl.com/products/terrestrial-scanning/produktdetail/product/scanner/5/, 2012-4-11.

[186] OPTECH, Inc. ILRIS-3D 大地激光扫描仪 [EB/OL]. http://www.zhinc.com.cn/cp/optech_ 3d.htm, 2012-4-11.

[187] ONROL, Inc. FARO Focus3D [EB/OL]. http://www.onrol.com/chanpinxinxi/2011-06-14/84.html, 2012-4-11.

[188] ZF UK Laser Limited. Z + F Imager 5010 [EB/OL]. http://www.zfuk.com/products/zf-imager5010, 2012-4-11.